Goldstadt-Reiseführer
Pflanzenführer
Tropisches Lateinamerika

Robert Anzeneder
Mario Miyagawa
Gisela Rödl-Linder

Layout: Günter Schäfer
Fotos: Dr. Robert Anzeneder, Mario Miyagawa,
Dr. Gisela Rödl-Linder, Günter Schäfer
Grafik auf Seite 25: „Stammbaum der eukaryotischen Pflanzen",
aus Linder Biologie, 18. Auflage, 1977, nach U. Kull

Herstellung: Karl A. Schäfer, Buch- und Offsetdruckerei, Pforzheim
Vertrieb: GeoCenter Verlagsvertrieb GmbH, München

Goldstadt-Reiseführer
Band 216

Pflanzenführer Tropisches Lateinamerika

Geographie, Klima und Vegetationszonen

Beschreibung der Pflanzen

Bedeutung der Vegetation Lateinamerikas

Robert Anzeneder
Mario Miyagawa
Gisela Rödl-Linder

16 doppelseitige Farbtafeln
16 Grafiken
1 Stammbaum der eukaryotischen Pflanzen
1 monophilitischer Stammbaum der Organismen
11 historische Fotos
285 Pflanzenfotos in Farbe

GOLDSTADTVERLAG PFORZHEIM

Schon bei der Ankunft in Hotels wird man von der tropischen Pflanzenpracht begrüßt

INHALTSVERZEICHNIS

EINFÜHRUNG

Allgemeine Einleitung

Zweck dieses Buches ist es, den interessierten Leser mit der faszinierenden Pflanzenwelt Südamerikas vertraut zu machen. Dabei geht es den Autoren weniger darum, den ohnehin informierten und wissenschaftlich gebildeten Botaniker mit neuen Erkenntnissen zu versorgen, vielmehr sollen Pflanzenfreunden und Hobby-Botanikern allgemein verständliche Informationen vermittelt werden. Insbesondere ist dieses Buch für Reisende in Mittel- und Südamerika gedacht. Aber auch Leser, die Südamerika nicht besuchen, werden in den folgenden Seiten „alte Bekannte" und „neue Freunde" finden.

Im Jahr des 500-jährigen Jubiläums der Entdeckung Amerikas durch Kolumbus hat die Auseinandersetzung mit Lateinamerika neue Aktualität erhalten. Daß es bei der Diskussion darüber nicht nur um politisch-historische und ökonomisch-aktuelle Fragen geht, liegt bei der beeindruckenden kulturellen und landschaftlichen Vielfalt dieses Sub-Kontinents mit seinem Reichtum an Fauna und Flora auf der Hand. Neben den zahlreichen Veranstaltungen, die international aus Anlaß dieses Jubiläums organisiert wurden, ist dieses Buch ein kleiner Beitrag, um den Besonderheiten und auffälligen Schönheiten der Pflanzenwelt mehr Aufmerksamkeit zu schenken.

Pflanzenauswahl

Einige Pflanzengruppen, wie z. B. die Bromelien, kommen wild nur in Südamerika vor. Von anderen weiß man genau, daß sie aus den Tropen der Neuen Welt stammen, jedoch in klimatisch vergleichbare Gebiete in anderen Erdteilen eingeführt wurden, wo sie z.T. sogar verwilderten. Die moderne Evolutionstheorie führt die stammesgeschichtliche Entfaltung der Organismen und die Rassenbildung unter anderem auf räumliche Isolation zurück. Südamerika stellte im Tertiär (vor ca. 70 Mio. Jahren) einen eigenen Entwicklungsraum dar, da es durch ein Meer von Mittel- und Nordamerika getrennt war. Erst durch die spätere Landmassenverschiebung bildete sich eine Landbrücke. So konnten sich einzelne Pflanzen auf natürliche Weise über ihre ursprüngliche Heimat hinaus verbreiten.

In diesem Buch haben sich die Verfasser auf die Beschreibung von auffälligen Pflanzen beschränkt, die im mittel- und südamerikanischen Tropengürtel beheimatet sind, weil nur diese im ursprünglichen Sinne Teil der lateinamerikanischen Flora sind, und die dem Reisenden in seiner unmittelbaren Umgebung begegnen. Dabei versteht sich von selbst, daß die Autoren sich des Problems bewußt sind, eine subjektive Auswahl getroffen zu haben. Bemerkenswerte Pflanzen, die nach Südamerika eingeführt wurden oder sich selbst dorthin verbreiteten, sind in einem eigenen Kapitel anhand von Bildern kurz geschildert. In dem Kapitel „Obst und Gemüse auf den südamerikanischen Märkten" wurde ausschließlich nach optischen Gesichtspunkten ausgewählt, d.h. es wurde beschrieben, was zu sehen ist, ohne Rücksicht auf das Ursprungsland.

Aufbau des Buches

Der Gesamtaufbau des Buches ergibt sich aus der Gliederung. Einer weiteren Erläuterung bedarf nur der Textbeitrag, „Beschreibung der in Südamerika heimischen Pflanzen". Um dem botanisch nicht wissenschaftlich gebildeten Leser die Orientierung zu erleichtern, wurde die Reihenfolge der beschriebenen Pflanzen primär nach ihrer Größe festgelegt, vom größten Baum über Büsche und Sträucher bis zum kleinsten Kraut. Dabei sind die Übergänge fließend. Werden eine Pflanzenfamilie und einzelne Arten daraus beschrieben, steht die übergeordnete Beschreibung stets vor der ersten Einzelbeschreibung. Zum Beispiel werden die Trompetenbaumgewächse, zu denen sowohl Bäume als auch Sträucher gehören, vor dem Palisander erwähnt, während der Schellenbaum, weil er kleiner ist, erst später auftaucht. Die Baumfarne, Riesenbromelien und baumförmigen Kakteen, die in ihren Gruppen von der Größe her Ausnahmen darstellen, sind als Übergang zwischen mittelgroßen und kleinen Pflanzen eingefügt.

Regenwald bei Tikal, Guatemala

Königskordillere über dem Titicacasee, Bolivien

Savanne im Pantanal, Brasilien

Wüste in Nordchile

GEOGRAPHIE, KLIMA, VEGETATION

Landschaften Lateinamerikas

Mit dem Begriff Lateinamerika faßt man alle Länder des amerikanischen Kontinents zusammen, deren Landessprache Spanisch oder Portugiesisch ist. Dazu zählt die Region zwischen Mexiko und Argentinien sowie eine Serie von Inseln der Karibik. Mit Ausnahme von Argentinien, Chile, Paraguay und Uruguay liegen sie alle gleichzeitig in den Tropen, die sich zwischen dem nördlichen und südlichen Wendekreis erstrecken (ca. 23 Grad nördlicher, bzw. südlicher Breite).

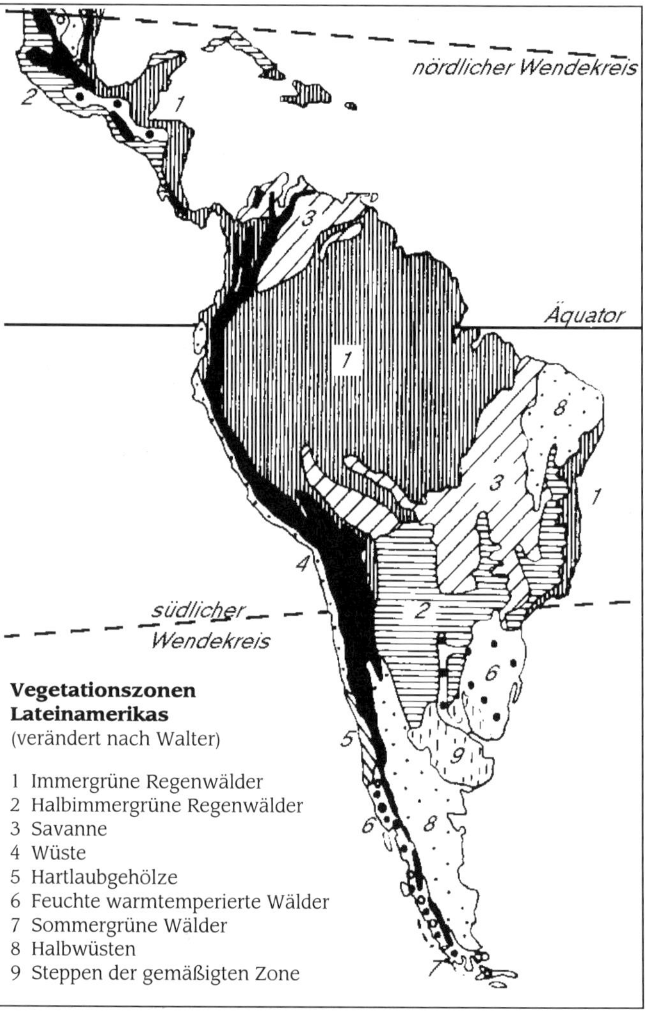

Vegetationszonen Lateinamerikas
(verändert nach Walter)

1 Immergrüne Regenwälder
2 Halbimmergrüne Regenwälder
3 Savanne
4 Wüste
5 Hartlaubgehölze
6 Feuchte warmtemperierte Wälder
7 Sommergrüne Wälder
8 Halbwüsten
9 Steppen der gemäßigten Zone

Dieses Gebiet läßt sich geographisch in zwei große Bereiche gliedern. Ein großes Faltengebirge durchzieht den westlichen Teil in seiner ganzen Länge, es wird in Südamerika Anden genannt. Im Bereich von Zentralamerika enthält es einzeln stehende Berge großer Höhen, im südlichen Bereich bildet es ein Hochland aus, das beständig zwischen 3000 und 4000 m ü.N.N. liegt. Auf dem südlichen Subkontinent fallen die Anden nach Osten hin in ein Flachland von gewaltiger Ausdehnung ab, dem brasilianischen Schild. Er wird im wesentlichen von nur drei Flußsystemen entwässert, dem Orinoko, dem Amazonas und dem Paraná-Rio de la Plata.

Diese beiden Großräume lassen sich aufgrund ihrer Höhen, ihrer Vegetation und ihrer geologischen Besonderheiten in viele Regionen untergliedern, wie dies die Abbildung für die Vegetationsräume zeigt.

Die Entfernungen sind gewaltig. Südamerika mißt an seiner breitesten Stelle über 5000 km und der Tropengürtel ist zwischen Mazatlán in Mexiko und São Paulo in Brasilien ungefähr 6000 km lang. Dazwischen erstreckt sich eine der größten zusammenhängenden Vegetationsflächen der Erde.

Das Klima

In Äquatornähe herrscht im Tiefland das ausgeglichenste Klima. Die Temperatur ist ganzjährig ungefähr gleichbleibend hoch, mit nur geringen Schwankungen zwischen Maximum und Minimum. Die Niederschläge sind ganzjährig verteilt und relativ hoch, eine

Jahrestemperaturen und Niederschläge in Belém

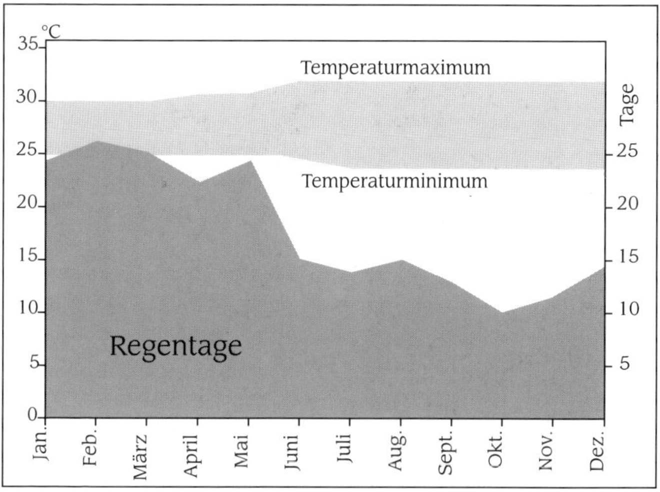

Voraussetzung für die üppige Vegetation der tropischen Regenwälder. Die Amazonasstadt Belém zeigt die charakteristischen klimatischen Eigenheiten.

Je größer die Entfernung zum Äquator wird, desto ausgeprägter treten Regen- und Trockenperioden auf. Die Regenzeit liegt auf der Südhalbkugel um die Jahreswende, auf der Nordhalbkugel zur Jahresmitte hin.

In den hochgelegenen Andenregionen machen sich zusätzlich ausgeprägte Schwankungen der Tagestemperatur bemerkbar, die in Extremfällen bei bis zu 70 Grad Temperaturunterschied zwischen Tag und Nacht liegen (bolivianisches Hochland). In vielen Monaten des Jahres kann es zu Nachtfrost kommen.

Aufgrund der Lage zwischen den Wendekreisen schwanken die Jahreszeiten nicht oder nur wenig. Die Tageslänge verändert sich in São Paulo zwischen Sommer und Winter nur um etwa eine Stunde. In Hochlagen, wie in Peru und Bolivien, findet sich ein ausgeprägtes Tageszeitenklima, das sich in einer speziellen Flora widerspiegelt.

Während Mittelamerika und der brasilianische Schild auch den Temperaturen nach zu den Tropen zählen, muß man die Andenlagen eigentlich schon zu den gemäßigten, bzw. kalten Zonen rechnen. Eine Sonderstellung nimmt die peruanische und nordchilenische Küste ein, wo an manchen Stellen noch nie Regen gemessen wurde und sich daher eine Wüste ausbreitet.

Jahrestemperaturen und Niederschläge in La Paz

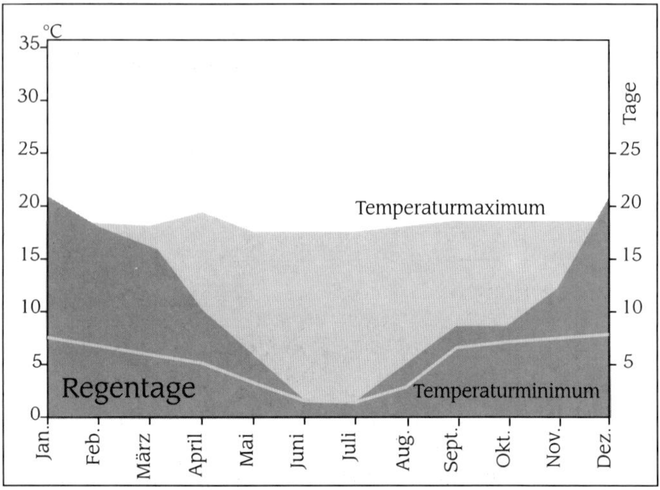

Die Vegetation

Die Vegetationsgliederung erfolgt hauptsächlich als Folge der Verteilung und Menge der Niederschläge. Entsprechend erstreckt sich in der tief gelegenen Äquatorregion sowie in Zentralamerika eine riesige Fläche tropischen Regenwaldes. Es ist dies der üppige, immergrüne Wald, welcher der Vorstellung von „Urwald" am nächsten kommt und stockwerkartig aufgebaut ist. Die Verflechtung der verschiedenen Lebewesen ist einzigartig und derart kompliziert, daß sie bis heute nicht annähernd erforscht ist.

Aufbau eines tropischen Regenwaldes im Tiefland
(aus Lehrbuch der Botanik an Hochschulen;
Straßburger Ehrendorfer, 1991)

A: Krautschicht (z.B. Farne, Begonien, Araceen, Zingiberaceen)

B: Strauchschicht mit Lianen, Spreizklimmern, Baumfarnen, Baumwürgern und Stauden (z.B. Musaceen)

C: Baumschicht mit Palmen, Riesenbäumen mit Brettwurzeln, epiphytischen Bromelien und Orchideen

Die Luftfeuchtigkeit im Regenwald ist der entscheidende Faktor, mehr als die tatsächlichen Regenfälle. Sie liegt mit einem Durchschnitt um 90% sehr hoch. Während über den Baumkronen nach einigen Tagen Trockenheit dieser Wert stark absinken kann, bleibt er in den tieferen Schichten ziemlich gleich. Der sich in jeder Nacht bildende Tau tropft von Stockwerk zu Stockwerk ab und bildet so die Grundlage der Wasserversorgung. Noch kennt man vor allem die Zusammenhänge in der Baumschicht wegen der schlechten Zugänglichkeit wenig. Seit einiger Zeit werden daher im brasilianischen Wald Forschungen in einer Baumstation angestellt, die wie ein großes Schlauchboot auf den Wipfeln „schwimmt".

Immergrüne Wälder, die weder periodisch austreiben, noch spezielle Blütezeiten und Laubabwurf zeigen, sind nicht dem Tiefland vorbehalten, es gibt sie auch als Bergwald (z. B. ausgeprägt in Costa Rica). Dessen Artenzusammensetzung ist wiederum verschieden und einzigartig.

Die Feuchtsavanne ist ein Gebiet mit lockerer Vegetation, wo mindestens 7 bis 9 Monate im Jahr Regen fällt. Sie ist gekennzeichnet durch hohes Gras und einzeln stehende, dornlose Bäume mit großem Laub. Vor allem nördlich und südlich des Amazonaswaldes in Venezuela und Bolivien (Beni) erstreckt sie sich über weite, wasserreiche Areale.

Die Trocken- und Dornsavanne, wo es nur etwa 5 Monate im Jahr regnet, enthält regengrüne, lichte Wälder mit spärlichem, teilweise nur büschelförmigem Grasunterwuchs. Dazwischen wachsen Dornbüsche, die undurchdringlich sein können. Diese Vegetationszonen finden sich in Ostbrasilien und in Südostbolivien.

Wüsten gibt es nur in Nordchile und Peru. Dort ist die Niederschlagsdauer auf höchstens einen Monat im Jahr beschränkt. Grasbüschel und Dornensträucher gedeihen allenfalls sporadisch.

Die Hochgebirgsvegetation der Anden unterteilt man ebenfalls nach den Niederschlägen. Der **Páramo** von Kolumbien, Ecuador und Nordperu liegt nahe dem Äquator in Höhen zwischen 3800 und 4700 m ü.N.N. und hat 10 bis 12 Regenmonate. Die in Südperu und Bolivien sich anschließende wechselfeuchte Puna dagegen wird nur ca. 5 bis 7 Monate im Jahr beregnet. Kennzeichnend für den Páramo ist das wegen der niedrigen Temperaturen langsame Pflanzenwachstum, das keine jahreszeitlichen Rhythmen kennt. Die Vegetation ist äußerst reich an Blättern, die oft in kurzem Abstand wachsen und auch im abgestorbenen Zustand nicht abgeworfen werden, sondern den Rest der Pflanze schützend einhüllen. Páramopflanzen werden häufig sehr alt.

Die Zone der Puna ist wie der Páramo baumlos und geprägt vom Wechsel einer winterlichen Trocken- und einer sommerlichen Regenzeit. Das Tageszeitenklima ist extrem. Die starke UV-Strahlung, Wind und Kälte bewirken, daß Pflanzen nur bedingt in die Höhe wachsen. Charakteristische Pflanze ist das Ichú-Gras, ein kleines Büschelgras, das der Puna ihr typisches Gepräge gibt. Die Puna gibt es nur in diesem Teil der Erde.

Die Landnutzung ist mit Klima und Vegetationstyp eng verbunden. Während es im tropischen Regenwald nur geringfügigen und primitiven Ackerbau gibt, werden Mittelamerika, Ostbrasilien und die Andenregionen zum Teil intensiv bewirtschaftet. Der

Anbau erfolgt in den Bergregionen noch in Höhen, in denen es in Europa nur noch Eis gibt. Der Betrachter sieht voller Staunen Felder in den unzugänglichsten Hanglagen und Höhen, bewirtschaftbar nicht mit Maschinen, sondern mit Tieren und einfachstem Gerät. Die kargen Böden lassen die Halme des Getreides nur in großem Abstand wachsen.

Höhen- und Anbaustufung ausgewählter Nutzpflanzen im Bereich der Zentralanden Boliviens

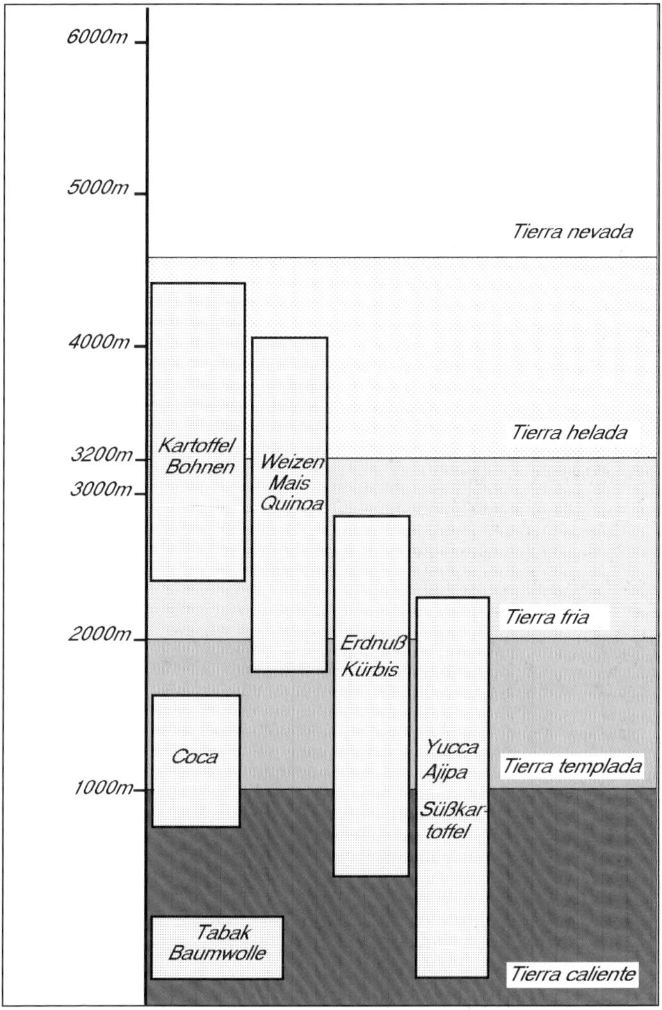

Páramo im Westen Venezuelas
mit typischen Schopfrosettenpflanzen (Espletia spec.)

Puna, Südbolivien - Büschelgras (stipa ichn)

Mit Epiphyten bedeckter Baum

SYSTEMATIK DER PFLANZEN

System als Ordnung

Wieviele verschiedene Pflanzen gibt es überhaupt auf unserer Erde? Diese Frage läßt sich nicht genau beantworten. Bis heute sind etwa 370 000 Arten beschrieben worden, doch ständig kommen neue hinzu. Die Neuentdeckungen werden kaum in Europa, vielmehr in den tropischen Gebieten der Erde gemacht, wo der Artenreichtum weit höher und der Einfluß durch die Menschen weit geringer ist.

Wie kann man so eine Artenvielfalt überblicken? Der Mensch hat bereits zu frühesten Zeiten begonnen, die Pflanzen zu kategorisieren, zum Beispiel in nützliche Gewächse wie Nahrungs- bzw. Futterpflanzen, Heilpflanzen, etc. und nicht genutzte Gewächse. Diese grobe, praktische Einteilung wurde Ende des 16., Mitte des 17. Jahrhunderts zum erstenmal wissenschaftlich verfeinert. Man begann Ähnlichkeiten weniger, willkürlich gewählter Merkmale als Ordnungsgrundlage zu benutzen. Das bekannteste dieser künstlichen Systeme stammt von dem schwedischen Naturforscher Carl v. Linné (1707-1778) und basiert auf Zahl, Beschaffenheit und Verhältnis der Fortpflanzungsorgane (Sexualsystem). Damals war man der Ansicht, daß alle Arten unverändert seit Anfang der Weltgeschichte vorhanden waren.

Carl. v. Linné (1707-1778)

Systematik als Vergleich und das Feststellen der Verwandtschaftsbeziehungen

Ernst Haeckel (1834-1919)

Als erster versuchte der Franzose Jean Baptiste de Lamarck (1774-1829) zu begründen, daß die zeitgenössischen Arten von ausgestorbenen, früheren Arten abstammten und die Grenzlinien der Arten fließend seien. Dies war der Anfang natürlicher Systeme, die versuchten, die stammesgeschichtliche Entwicklung der Organismen einzubeziehen. In Deutschland war es vor allem Ernst Haeckel (1834-1919), der dem Entwicklungsgedanken zum Durchbruch verhalf.

Davon ausgehend haben in diesem Jahrhundert die Ergebnisse der klassischen Vererbungslehre, der Populationsgenetik und der Molekularbiologie das Verständnis für die entwicklungsgeschichtliche Sichtweise der Systematik vertieft. In diesem Zusammenhang werden u.a. auch umweltbedingte genetische Veränderungen oder räumliche Isolation als Gründe zur Weiterentwicklung oder für das Ende einer Abstammungslinie betrachtet.

Die vielen internationalen Botaniker, die wertvolle Beiträge zur Entwicklung der modernen Systematik geleistet haben, können in diesem Rahmen nicht aufgezählt werden. Es sollen jedoch die Veröffentlichungen A. Englers (1844-1930) und seiner Mitarbeiter erwähnt werden, nämlich „Die natürlichen Pflanzenfamilien" und „Syllabus der Pflanzenfamilien". Letzteres erschien 1954 in 12. Auflage und gilt immer noch als Standardwerk.

In den letzten Jahrzehnten hat die systematische Botanik weitere Schritte unternommen, die Klassifizierung der Pflanzen an ihre Verwandtschaftsbeziehungen anzugleichen. Dazu bedient man sich heute modernster Methoden, z.B. auch der biotechnischen Eiweißuntersuchungen und der Gentechnik, um möglichst viele Merkmale detailliert zu erfassen. Verbreitungsgebiete, Lebensräume und Fossilfunde werden ebenfalls bei der Rekonstruklion eines Stammbaums berücksichtigt. Nur wenn ein Systematiker die Entwicklung des Vorfahren zu dem heute lebenden Nachkommen durch Merkmalsveränderung in Raum und Zeit nachvollzieht, kann er die Hypothese einer Abstammungslinie aufstellen. Um die große Anzahl der zu vergleichenden Merkmale auszuwerten und mögliche Stammbäume nachzubilden, bedient man sich heute spezieller Computerprogramme. Es gibt noch kein umfassendes Werk, das derartig gewonnene Erkenntnisse für alle Pflanzen bereits beinhaltet, vielmehr exisitieren Ergebnisse nur für einzelne Pflanzengruppen.

Monophyletischer Stammbaum der Organismen
von E. Haeckel aus seinem Werk
„Generelle Morphologie der Organismen" (1866)

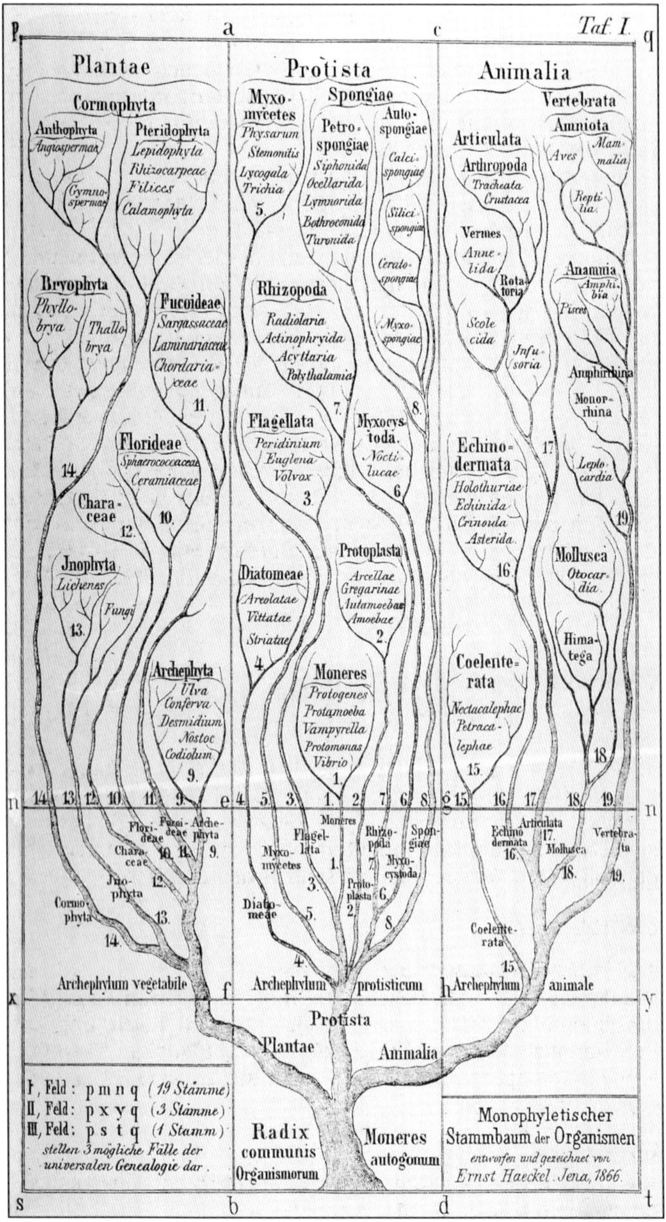

Taxonomie und Nomenklatur

Die Erkenntnisse der Systematik bilden die Grundlage für die Gruppierung der Pflanzen durch die Taxonomie. Dabei wird ein abstraktes Gebilde von hierarchischen Kategorien verwendet, wie Abteilung, Klasse, Ordnung, Familie, Gattung, Art. Es soll die Verwandtschaftsbeziehungen so gut wie möglich nachzeichnen. Verwandte Pflanzengruppen beliebiger Rangordnung werden somit zu Taxa (Einzahl: Taxon) und erhalten nach bestimmten Regeln wissenschaftliche Namen.

Die Regeln zur Beschreibung und Benennung der Pflanzen-Taxa sind im „Internationalen Code der botanischen Nomenklatur" festgelegt. Nomenklatur ist die Lehre von der wissenschaftlichen Benennung der Pflanzen. Ihr Ziel ist die Vermeidung von Verwirrungen und Irrtümern, was zur Beständigkeit der Namen beitragen soll. Entsprechend werden die Namen in lateinischer Form gebraucht. Auf einer bestimmten Rangstufe gilt für ein Taxon jeweils immer nur der älteste, rechtmäßig veröffentlichte Name, wobei man bis zur 1. Auflage der „Species Plantarum" von C .v. Linné (1753) zurückgeht. Der Name einer Art besteht aus dem Gattungsnamen und dem Beinamen. In Fachbüchern wird der Name des Erstbeschreibers beigefügt. Änderungen von Namen können nur mit auf Sachkenntnis gestützten Gründen durchgeführt werden. Dann erscheint der Autor des urprünglichen Namens in Klammer, gefolgt von dem Autor der Neukombination, z.B. *Goniophlebium demersum* (Brause) Rödl-Linder.

Übersicht des Pflanzenreichs

Um dem Leser eine Vorstellung von einem zeitgenössischen System zu veranschaulichen, ist im folgenden eine Gliederung abgedruckt, die dem „Lehrbuch der Botanik für Hochschulen" von F. Ehrendorfer (1980) entnommen ist. Dieser Autor teilt das Pflanzenreich in 7 Abteilungen ein. Die Samenpflanzen (7. Abteilung) sind etwas ausführlicher erläutert, da sie im Zusammenhang mit den folgenden Kapiteln von größerer Bedeutung sind.

PROKARYOTEN

1. Abt. Spaltpflanzen, Schizophyta

Die Prokaryoten, d.h. Lebewesen ohne echten, von einer Hülle umschlossenen Zellkern, stehen eigentlich zwischen Tier- und Pflanzenreich. Man faßt hier Bakterien und Blaualgen zur Abteilung der Spaltpflanzen zusammen. Sie stellen die niedrigste Organisationsstufe dar.

EUKARYOTEN

Alle komplizierter gebauten Lebewesen gehören zu den Eukaryoten und besitzen Zellkerne.

Niedere Pflanzen

2. Abt. Algen, Phycophyta

Algen sind ein- bis vielzellige, verschiedenfarbige, sich selbst ernährende Wasserpflanzen.

3. Abt. Pilze, Mycophyta

Pilze sind im allgemeinen farblos; nur höhere Pilze besitzen in ihren Fruchtkörpern allerlei Farbstoffe. Da sie kein Blattgrün besitzen, können sie nicht assimilieren und ernähren sich durch Aufnahme organischer Stoffe. Der Vegetationskörper ist meist feinfädig verzweigt (Myzel = Geflecht von Pilzfäden). Pilze leben meist im Süßwasser und auf dem Lande.

4. Abt. Flechten, Lichenes

In den Flechten bilden Pilzfäden und niedere Algen einen Verband, der von Aufbau und Funktion eine Einheit darstellt (Symbiose).

Höhere Pflanzen

Alle höher entwickelten Gewächse sind meist rein grüne Landpflanzen. Sie besitzen im allgemeinen einen in Achse und Blätter gegliederten Sproß.

5. Abt. Moospflanzen, Bryophyta

Die Moose sind in zwei Klassen geteilt: *Lebermoose* und *Laubmoose.* Sie unterscheiden sich sowohl im Aufbau als auch in der Entwicklung ihrer Fortpflanzungsorgane. Beide Klassen sind grün und können assimilieren.

6. Abt. Farnpflanzen, Pteridophyta

Zu den Farnpflanzen gehören Bärlappgewächse, Schachtelhalme und echte Farne. Näheres siehe unter der allgemeinen Erläuterung zu den Farnen.

7. Abt. Samenpflanzen, Spermatophyta

Die Samenpflanzen vermehren sich im allgemeinen durch vielzellige Samen, die in einer Blüte gebildet werden. Sie unterteilen sich in *Nacktsamer* und *Bedecktsamer* je nachdem ob die Samen frei an Samenblättern sitzen oder in einem Fruchtknoten eingeschlossen sind.

1. U. Abt. Gabel- bzw. nadelblättrige Nacktsamer, Coniferophytina

Hierzu gehört die Klasse der *Ginkgogewächse* mit heute nur noch einer lebenden Art *(Ginkgo biloba).* Dieser zeitgeschichtlich älteste Baum, der bereits vor 270 Mio. Jahren verbreitet war, wächst nirgends mehr wild, wurde jedoch als traditioneller Kulturbaum Chinas und Japans vor dem Aussterben bewahrt.

Die Klasse der **Nadelhölzer** oder Koniferen gehört ebenfalls zu den Nacktsamern. Der Name Nadelhölzer beruht auf den nadelförmigen Blättern. Coniferae bedeutet Zapfenträger und bezieht sich auf die Ausbildung der zapfenförmigen Blüten.

2. U. Abt. Fiederblättrige Nacktsamer, Cycadophytina

Die **Palmfarne,** wie sie auch genannt werden, hatten ihre größte Verbreitung in der Kreidezeit, d.h. vor ca. 140 Mio. Jahren. Heute ist die Gruppe nur noch durch etwa 200 Reliktsippen, „lebende Fossilien", in (sub-) tropischen Gebieten vertreten. In ihrer Gestalt erinnern sie an Palmen, haben jedoch einen anderen Blütenaufbau. Die männlichen Blüten dieser zweihäusigen Pflanzen bestehen aus schuppenförmigen Blättern, die auf der Unterseite Pollensäcke tragen. Die weiblichen Blüten entwickeln große Samen.

3. U. Abt. Bedecktsamer, Magnoliophytina

Die **Bedecktsamer** stellen die höchstentwickelte und größte Gruppe des Pflanzenreiches dar. Ihre Samenanlagen sind „bedeckt", d.h. von einem Fruchtknoten umschlossen. Dadurch kann der Blütenstaub nicht mehr direkt auf die Samenanlage gelangen und bedarf einer Narbe und eines Griffels. Nach der Bestäubung

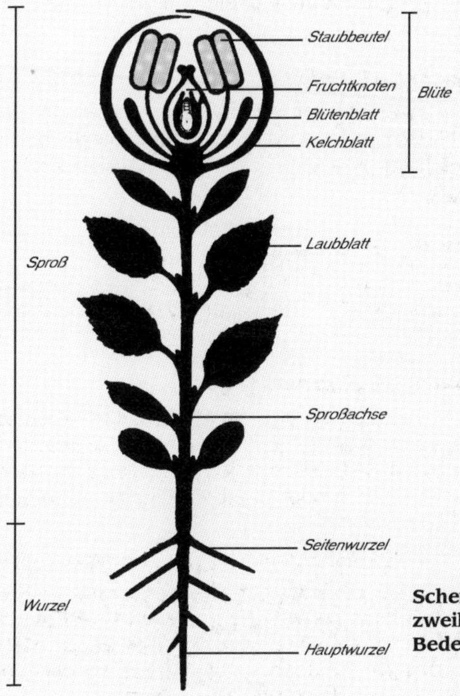

Schema eines zweikeimblättrigen Bedecktsamers

und Befruchtung reifen die Samen im Fruchtknoten heran und werden erst aus der reifen Frucht entlassen. Die äußere Gestalt der Bedecktsamer ist sehr mannigfaltig. Sie reicht von stecknadelkopfgroßen, schwimmenden Wasserpflanzen über verschiedene krautige Formen zu Sträuchern und riesigen Laubbäumen. Die Unterabteilung der Bedecktsamer ist in 2 Klassen unterteilt.

1. Kl. Magnoliatae, Zweikeimblättrige, Dicotyledonae

Die Bezeichnung *Zweikeimblättrige* bezieht sich auf die Entwicklung von zwei Blättern bei der Keimung des Samens. Sie sind einfacher strukturiert als die nachfolgenden Laubblätter, die in verschiedener Weise netzartig geadert sind. Die Primärwurzel bleibt im allgemeinen als Hauptwurzel erhalten. Nachdem die Sproßachse den primären, inneren Bau abgeschlossen hat, beginnt, wie auch bei den Nacktsamern, das sekundäre Dickenwachstum. Die Klasse der Zweikeimblättrigen wird je nach Ausbildung verschiedenster, vielfach auf die Blüte bezogener Merkmale aufgeteilt. Dabei stehen Merkmale, die als primitiv betrachtet werden, in der Rangfolge vor den weiterentwickelten Merkmalen. Im Einzelnen handelt es sich um folgende 6 Unterklassen: Magnoliidae, Hamamelididae, Rosidae, Dilleniidae, Caryophyllidae, Asteridae.

2. Kl. Liliatae, Einkeimblättrige, Monocotyledonae

Die Keimlinge der Einkeimblättrigen bilden ihrem Namen entsprechend nur ein Keimblatt aus. Die Blätter sind häufig parallelnervig. Die Primärwurzel wird meist nach kurzer Lebensdauer durch viele sproßbürtige Wurzeln ersetzt. Man unterscheidet 3 Unterklassen: Alismatidae, Liliidae, Arecidae.

Eine weitere Unterteilung erfolgt in Ordnungen, Familien, Arten und Unterarten.

Beispiel: Epidendrum secundum Jacq.

7. Abteilung	Spermatophyta, Samenpflanzen
3. Unterabteilung	Angiospermae, Bedecktsamer
2. Klasse	Monocotyledonae, Einkeimblättrige
B. Unterklasse	Liliidae
2. Ordnung	Orchidales
(einzige) Familie	Orchidaceae
Gattung	Epidendrum
Art	***Epidendrum secundum***

Hier sei noch kurz darauf hingewiesen, daß derzeit aufgrund von genetischen Forschungsergebnissen eine Neuordnung des Stammbaums vorgeschlagen wird. Dabei sollen die traditionellen Großreiche, Pflanzen und Tiere als Eucarya vereint und so den Stämmen Archaea und Bacteria gegenüberstehen.

Stammbaum der eukaryotischen Pflanzen

(nach Linder)

Chorisia speciosa - Florettseidenbaum, Fam. Wollbaumgewächse
Calliandra Haematocephala - roter Puderquastenstrauch, Fam. Hülsenfrüch
Victoria amazonica, Fam. Nymphaceae - Seerosengewächse
Azorella compacta, Fam. Umbelliferae - Doldengewächse

PFLANZENBESCHREIBUNGEN

Häufig vorkommende, in Lateinamerika heimische Pflanzen

Bertholletia excelsa - Paranuß

Fam. Lecythidadeae - Topffruchtbaumgewächse

Lebensraum: Der Paranußbaum hat seine Heimat in der Region des Amazonas und seinen Zuflüssen. Sein Standort ist jedoch stets in einer nie überschwemmten Zone.

Beschreibung: Dieser Baum ist eine der größten Pflanzen des tropischen Regenwaldes. Er wird bis zu 40 m hoch und trägt eine ausladende Krone. Seine Blätter sind 60 cm lang und oval geformt. Die großen Blüten sind in Rispen angeordnet und bestehen aus vier gelben Blüten- und zahlreichen Staubblättern.

Vermehrung: Bei den Früchten handelt es sich um Kapseln, die abgeflacht-kugelig sind bei einem Durchmesser von 30 cm und einem Gewicht bis zu 3 kg. Sie enthalten bis zu 30 der bekannten dreikantigen, gekrümmten Samen mit wohlschmeckendem Inhalt, die eine außergewöhnlich harte Schale besitzen. Für ihre natürliche Verbreitung sorgt das kleine Nagetier Aguti.

Besonderheiten: Die Gattung wurde nach dem französischen Chemiker Berthollet (1748-1822) benannt. Noch heute werden die Früchte, die in manchen Ländern wichtige Exportartikel sind, an ihrem natürlichen Standort gesammelt. Paranüsse enthalten ca. 60% Fett und 20% Eiweiß. Sie werden normalerweise roh gegessen, aber auch zur Produktion von Speiseöl sowie zur Herstellung von Seife verwendet. Der Paranußbaum trägt erstmals mit 10 Jahren Früchte und liefert im ausgewachsenen Zustand etwa 10 000 Samen pro Jahr.

Swientenia macrophylla - Mahagoni

Fam. Meliaceae - Zedrachgewächse

Lebensraum: *S. macrophylla*, der echte Mahagonibaum, stammt aus den tropischen Regenwäldern Südamerikas. Das Verbreitungsgebiet erstreckt sich im Norden bis zum zentralamerikanischen Festland.
Beschreibung: Der stämmige, immergrüne Baumriese, der sich durch Brettwurzeln auszeichnet, hat eine graue bis rotbraune Borke. Die paarig gefiederten Blätter entfalten ihre 4-8 Fiedern schubweise. Sie stehen spiralig an der Sproßachse und erreichen beachtliche Ausmaße. Die Blüten stehen in reich verzweigten, traubigen oder rispigen Infloreszenzen. Sie sind unscheinbar, klein und weiß. Der Kelch kann frei- oder verwachsenblättrig, und dann becher- oder röhrenförmig sein. Am Grunde des mehrblättrigen Fruchtknotens liegt der nektarabsondernde Blütenbden

Vermehrung: Die Blüten werden von Vögeln bestäubt. Die Früchte sind fünfteilige, dunkelbraune Kapseln. In ihnen befinden sich geflügelte Samen.
Besonderheiten: Der Name kommt aus Jamaika, hat jedoch seinen Ursprung in Süd-Nigeria. Sklaven brachten einen ähnlich klingenden Namen aus ihrer Heimat, der dort andere Mahagoni-Arten bezeichnete. Der echte Mahagonibaum ist einer der am meisten geschätzten Nutzhölzer auf dem Weltmarkt. Die rötlich braune Farbe, eine charakteristisch körnige Maserung und die große Festigkeit des Holzes sind die Ursache, daß die Stämme als Furnierholz vorrangig Verwendung finden. Da der Mahagoni in der Natur weitgehend ausgerottet ist, wird er in mehreren Tropenländern kultiviert.

Hevea brasiliensis - Kautschukbaum

Fam. Euphorbiaceae - Wolfsmilchgewächse

Lebensraum: Die Gattung Hevea, ein typisches Element des südamerikanischen Regenwaldes, ist im Tiefland des Amazonas und in seinen südlichen Einzugsgebieten heimisch.

Beschreibung: Der echte Kautschukbaum kann 20-30 m hoch werden. Er hat eine hellgraue Rinde. In seinem Stamm sind die Milchgefäße in konzentrischen Ringen angeordnet. Die Blätter, die jährlich abfallen, sind langgestielt, an der Oberseite intensiv grün und auf der Unterseite mit kleinen weißen Pünktchen übersäht. Es stehen immer drei Blätter zusammen, wobei das mittlere die äußeren in der Länge überragt. Die im oberen Kronendrittel wachsenden Blütenstände tragen männliche und weibliche Blüten.

Vermehrung: *H. brasiliensis* ist windblütig und vermehrt sich ausschließlich durch Samen. Der Transport der Samen zu den Anbaugebieten muß rasch erfolgen, da sie nur etwa 4 Wochen lebensfähig bleiben. In der Natur erweisen sich nur ca. 4% der Samen als keimfähig. Die Früchte sind holzige, fast runde Kapseln mit drei Kammern.

Besonderheiten: Der Name der Gattung leitet sich aus einer Indianersprache ab: quechua hewe = Federharz. *H. brasiliensis* spielt als Kautschuklieferant in der Weltwirtschaft eine führende Rolle. In ihrer Milch ist ein ungewöhnlich hoher Prozentsatz (bis zu 40%) von Kautschuk aufgeschwämmt. Dieser wird taditionell durch einen Räucherungsprozess von der Flüssigkeit getrennt und verfestigt.

Araucaria araucana - Andentanne

Fam. Araucariaceae - Araukariengewächse

Lebensraum: Die Araukarien haben ihr natürliches Vorkommen nur in der südlichen Hemisphäre. Sie stammen aus Chile, Argentinien und Südbrasilien. Sie wachsen waldbildend an den Andenhängen hinauf bis an die Schneegrenze.

Beschreibung: Ältere Exemplare dieses immergrünen Baums werden bis zu 60 m hoch. Auf ihrem mächtigen Stamm, der oft weit nach oben astfrei ist, tragen sie eine ausladende, zumeist sehr regelmäßig gebaute Krone. Ihr charakteristisches Aussehen erhalten sie durch die stechenden, lederartigen Nadeln. Durch ihre schraubige Stellung verleihen sie den Zweigen das Aussehen von schuppigen Schlangen.

Vermehrung: Die Araukarie ist zweihäusig. Sie bildet verdickte, einseitig geflügelte Samen aus, die in einem kugeligen Zapfen von bis zu 1,6 kg Gewicht heranreifen und häufig von Papagaien verbreitet werden.

Besonderheiten: Ihren Namen hat die Pflanze nach dem chilenischen Indianerstamm der Araukaner. Die großen, mehligen Samen von *A. araucana* sind eßbar. Sie stellten früher die Hauptnahrung der chilenischen Indianer dar und werden noch heute auf vielen Märkten Chiles angeboten. Die Zimmertanne oder Norfolktanne, die in Europa als Zierpflanze beliebt ist, heißt *A. excelsa*.

Fam. Palmae - Palmen

Lebensraum: Palmen sind für die tropischen und subtropischen Bereiche der ganzen Erde charakteristische Pflanzen. Im Amazonasbecken erleben sie eine besonders reiche Entwicklung.

Beschreibung: Palmen sind Bäume, Sträucher oder holzige Kletterer mit einem schlanken, normalerweise unverzweigten Stamm, der in seiner ganzen Länge fast gleichmäßig dick ist. Seine endgültige Stärke erreicht er bereits bevor er in die Höhe wächst. Er trägt am Gipfel einen Schopf weit ausladender Blätter, die lang gestielt sind und sich fächerig oder fiederig zerteilen. Sie sind fast immer Pfahlwurzler, das heißt, ihre Wurzeln reichen tief in den Boden. Die Blütenstände sind meistens stark verzweigt und gipfelständig.

Vermehrung: Je nach Art sind die Palmen ein- oder zweigeschlechtlich. Die Bestäubung erfolgt entweder durch Insekten oder den Wind. Die Früchte sind sehr unterschiedlich und werden deshalb für die Gliederung der Familie benutzt.

Besonderheiten: Weltweit sind die Palmen wichtige Nutzpflanzen, vor allem wegen ihrer Samen. Die wichtigsten sind die Kokospalme, die häufig in Plantagen kultiviert wird, die Betelnußpalme (beide aus Asien stammend) und die Ölpalme, die das wertvolle Palmöl liefert. Die kleinste Palme ist die einzige auf dem europäischen Festland wild wachsende Palme, die Zwergpalme, die kaum über 2 m hoch wird, während asiatische und amerikanische Arten Höhen von 40 m erreichen. Palmblätter werden in den Tropen oft als Baumaterial für Dächer und Zäune verwendet. Außerdem stellt man Körbe daraus her.

Roystonea regia - Königspalme

Fam. Palmae- Palmen

Lebensraum: Die Königspalme stammt aus dem karibischen Raum. Sie wird als beliebte und stattliche Zierpflanze in vielen Parks und Städten des tropischen Amerikas gepflanzt.

Beschreibung: Der glatte, hellgraue, geringelte Stamm erreicht eine Höhe von 25 m. Kennzeichnend ist eine deutliche Verdickung auf halber Höhe. Der Säulenoberteil ist grün und glänzend glatt. Er trägt eine ausladende Krone von Fiederblättern, die bis zu 7 m lang werden. Die Blüten werden unterhalb des grünen Stammschaftes gebildet. Es entwickeln sich zunächst ca. 1 m lange, schräg aufwärts stehende Kolben, die von Scheiden eingeschlossen sind. Diese öffnen sich und geben die herabhängenden, verzweigten Blütenstände frei. Die Blüten selbst sind weiß bis gelb.

Vermehrung: Nach der Befruchtung entwickeln sich aus den Blüten etwa 1 cm große Früchte, die zunächst grün sind, sich aber später rot und braun färben.

Besonderheiten: Der Gattungsname wurde nach dem General Roy Stone (1836-1905) gewählt. Im englischen Sprachraum nennt man sie auch „Mountain Glory". Die Früchte enthalten viel Öl und sind eßbar. Im allgemeinen dienen sie als Schweinefutter. Aus den Blattschäften stellt man Verpackungsmaterial her oder verwendet sie als Baumaterial für Hütten. Ihres sehr eindrucksvollen Erscheinungsbildes wegen werden Königspalmen häufig auch als Alleen gepflanzt.

Persea americana - Avocado

Fam. Lauraceae - Lorbeergewächse

Lebensraum: Der Avocadobaum ist in den Bergwäldern im nördlichen Südamerika heimisch, jedoch inzwischen weltweit in den Tropen als Nutzpflanze eingeführt.

Beschreibung: Der immergrüne, üppig belaubte Baum erreicht Höhen von über 20 m bei einer annähernd kugelförmigen Kronenform. Die lanzettförmigen, 10-15 cm langen Blätter sind deutlich genervt und fallen durch ihre Vielfarbigkeit auf. Zur Blütezeit beobachtet man sie in verschiedenen Rot- und Grüntönen. In außergewöhnlich großer Anzahl erscheinen kleine, gelblich-grüne Blüten, die in endständigen Rispen angeordnet sind.

Vermehrung: Aus den vielen Blüten entwickeln sich relativ wenige Früchte. Diese können über 1 kg schwer werden, sind je nach Zuchtform birnenförmig oder rund und braun oder grün. Sie enthalten einen einzigen großen Samen.

Besonderheiten: Die Avocado-Birne (Ahuacatl) war als Kulturpflanze schon vor den Azteken bekannt, was aus mittelamerikanischen Gräberfunden bekannt ist. Sie wird heute auch als Palta und Aguacate bezeichnet. Ihr Fruchtfleisch ist wohlschmeckend und gesund, es enthält neben einer Reihe von Vitaminen sehr viel Fett. Eine große Menge von Rassen wurde inzwischen gezüchtet, so daß die Früchte in Form, Größe und Geschmack stark variieren. Aus den Schalen und Samen wird ein in der Kosmetika- und Seifenherstellung benutztes Öl gewonnen.

Fam. Bignoniaceae - Trompetenbaumgewächse

Lebensraum: Obwohl man Bignoniaceen in vielen subtropischen und tropischen Ländern der Erde findet, zum Teil auch in den gemäßigten Breiten, wachsen die weitaus meisten Arten dieser Familie in den südamerikanischen Tropen. Man schließt daraus, daß sie hier entstanden sind.
Beschreibung: Die meisten Bignoniaceen sind Bäume oder Sträucher, wie der Trompetenbaum und der Jacaranda. Es gehören aber auch die besonders formenreichen Lianen dazu, die in den tropischen Wäldern die Baumkronen besiedeln und vor allem der Gattung Pithecoctenium angehören. Einfache Laubblätter gelten bei dieser Familie als primitives Merkmal, meist sind sie handförmig gefiedert. Diese sind bei den Lianen zu Ranken umgewandelt, deren Enden uhrfederartig gekrümmt oder in Haftscheiben oder andere Spezialeinrichtungen zum Anheften abgewandelt sein können. Die Blüten sind in der Regel trichter- oder glockenförmig und enthalten 2 verschieden lange Staubblattpaare.
Vermehrung: Viele Arten werden durch Fledermäuse bestäubt, andere durch Vögel und Insekten. Früchte und Samen sind sehr verschieden, sowohl was die Größe, als auch was deren Aufbau und die Samenverbreitung durch Wind oder Tiere angeht.
Besonderheiten: Das Holz der Gattung Tabebuia wird wegen seiner Härte und Pilzresistenz vielseitig verwendet (Handelsname: Ipé-Holz). Eines der wertvollen brasilianischen Hölzer liefert *Paratecoma peroba.* Vielen Arten dieser Familie wird eine Wirkung als Aphrodisiakum zugeschrieben, z.B. *Anemopaegma arvense.* Andere sind stark giftig, wie *Pseudocalymma elegans,* durch deren Blätter in Brasilien nicht selten Rinder getötet werden
.

Jacaranda mimosifolia - Palisander

Fam. Bignoniaceae - Trompetenbaumgewächse

Lebensraum: Die Heimat dieses Baumes ist Brasilien, er war ursprünglich eine typische Savannenpflanze. Inzwischen ist er in allen tropischen Regionen Südamerikas verbreitet und wird wegen seiner Blütenpracht oft auch als Straßenschmuck in den Städten gepflanzt.

Beschreibung: Der Palisanderbaum wird bis zu 10 m hoch. Er hat eine glatte, graue Rinde und doppelt gefiederte Blätter. Sie erwecken einen feingliedrigen, zarten Eindruck, der von der leuchtend grünen Farbe noch verstärkt wird. Die blau-violetten Rispen enthalten zahlreiche trompetenförmige Einzelblüten. Die Farbkombination der blauen Blüten und zartgrünen Blätter machen den Reiz dieser Pflanze aus.

Vermehrung: Nach der Blütezeit im Frühjahr entstehen als Früchte runde, flache und verholzende Kapseln von etwa 8 cm Durchmesser, die viele Samen enthalten.

Besonderheiten: Der Name Jacaranda ist ein brasilianischer Indioname. Synonyme sind *J. acutifolia, J. ovalifolia* und *J. filicifolia.* Im englischsprachigen Raum bezeichnet man den Baum als „Fern Tree", da die Blätter an Farnwedel erinnern. Botanisch haben beide Pflanzen jedoch nichts miteinander zu tun. Von der Gattung Jacaranda kennt man in Mittel- und Südamerika rund 50 Arten. Die meisten davon werden als Zierbäume gepflanzt. Das dunkelrote, intensiv riechende Holz ist ziemlich weich und wird deshalb für Schnitzarbeiten genutzt. Das bekannte Palisanderholz stammt jedoch von einer anderen Baumgattung *(Dalbergia).*

Crescentia cujete - Kalebassenbaum

Fam. Bignoniaceae - Trompetenbaumgewächse

Lebensraum: Kalebassenbäume wachsen in allen tropischen Ländern Amerikas von Nordargentinien bis nach Florida. Ihr ursprünglicher Lebensraum ist die Savanne.

Beschreibung: Die Bäume werden 8-10 m hoch und ähneln in ihrer Wuchsform den Apfelbäumen. Die Rinde ist kleinschuppig. Die Blätter erkennt man an ihrer Verbreiterung zur Spitze hin, sie sind abgerundet und werden etwa 10 cm lang. Die Blüten erscheinen teilweise direkt aus den jungen Stämmen, sind glockig und braunrot und riechen intensiv nach Campher.

Vermehrung: Die Bestäubung der nur eine Nacht lang geöffneten Blüten übernehmen Fledermäuse. Die kugelförmigen, hartschaligen Kapselfrüchte erreichen einen Durchmesser von 40 cm. Sie schließen zahlreiche, den Kürbiskernen ähnliche Samen ein.

Besonderheiten: Weitere vier Arten der Gattung, die nach Petrus de Crescentis (1230-1320) benannt ist, sind in Südamerika verbreitet, ähneln sehr der *C. cujete* und werden ebenfalls als Kalebassenbaum bezeichnet. Von den Einheimischen werden die getrockneten Fruchtschalen (Kalebassen) in vielfältiger Weise verwendet, z.B. als Schöpf- und Trinkgefäße, Ziergegenstände, Spielzeug oder auch Musikinstrumente (Rasseln). Werden die Früchte in frühem Stadium eingeschnürt, läßt sich die Form des Gefäßes variieren. Das Fruchtfleisch und die Samen werden als abführendes und harntreibendes Mittel verwendet.

Chorisia speciosa - Florettseidenbaum

Fam. Bombacaceae - Wollbaumgewächse

Lebensraum: Dieser sehr auffallende Baum hat seine Heimat in Südbrasilien, im Gran Chaco von Paraguay und in Ostbolivien. Er ist eine Charakterpflanze dieser relativ trockenen Regionen.
Beschreibung: Auffallend an den bis zu 20 m hohen Bäumen ist ihr flaschenförmig aufgetriebener Stamm. Er ist normalerweise grüngrau und ebenso wie die Äste mit kräftigen Stacheln besetzt, die nur bei älteren Exemplaren häufig fehlen. Die Blätter sind gestielt und mit fünf bis sieben Blättchen handförmig gefingert. Nach dem Blattabwurf, zwischen März und Mai, erscheinen vor dem neuen Blattaustrieb die fünfzähligen Blüten, meist hellrosa, manchmal aber auch weiß und stark rötlich.
Vermehrung: Wenn im August die Blätter neu austreiben, öffnen sich die korkartigen, zapfenförmigen Fruchtkapseln und geben die vielen erbsengroßen, schwarzen Samen frei, die wegen ihrer Wollhaare einem seidig glänzenden Büschel gleichen. Sie werden vom Wind weggetragen.
Besonderheiten: L. Choris (1795-1828), nach dem die Gattung benannt ist, war ein russischer Zeichner und Lithograph. Wegen des verdickten Stammes, der Wasserspeichergewebe enthält und also eine Anpassung an den trockenen Standort darstellt, nennt man die Chorisien auch „Flaschenbäume". Eine synonyme systematische Bezeichnung ist *C. venticosa* (lat. ventricosus = dickbäuchig). Der Baum ist ausgesprochen schnellwüchsig und erreicht innerhalb von wenigen Jahren seine volle Höhe.

Ceiba pentandra - Kapokbaum

Fam. Bombacaceae - Wollbaumgewächse

Lebensraum: Die Heimat des Kapokbaums ist Mittel- und Südamerika. Er wächst vor allem im Regenwald, weicht jedoch manchmal auch in die Savannenregionen aus und kommt in den Andentälern bis in Höhen von 2000 m N.N. vor.

Beschreibung: Die Bäume werden bis zu 60 m hoch. Der Stamm ist glatt und im Jugendstadium dicht mit kegelförmigen Stacheln besetzt..Die rechtwinklig abstehenden Äste bilden eine mächtige Krone. Beim Austrieb sind die Blätter oft rot gefärbt und sie entfalten 7 oder 9 bis zu 18 cm lange gefingerte Blätter. Nach dem Laubwurf erscheinen die weiß oder rosa gefärbten, in Büscheln angeordneten Blüten. Die 3 cm langen Blütenblätter sind wollig behaart.

Vermehrung: Nach der Bestäubung durch den Wind oder durch Fledermäuse entwickeln sich ledrige, 10-20 cm lange Kapseln, die bis zu 100 runde, schwarze Samen enthalten. Letztere sind von weißlichen, seidigen Haaren eingehüllt, die bei der Fruchtreife abfallen.

Besonderheiten: Die Samenhaare sind hoch elastisch, bestehen großteils aus Zellulose, und haben einen Wachsüberzug, der sie unbenetzbar macht. Diese Kapokfasern kommen in den Handel als Isoliermaterial, sowie Füllmaterial für Matratzen und Schwimmwesten. Vor allem in Asien wird der Baum inzwischen zur Fasergewinnung kultiviert. Die Samen enthalten ca. 25% Öl mit einem hohen Anteil an ungesättigten Fettsäuren. Sie liefern deshalb ein hochwertiges Speiseöl und werden auch zur Herstellung von Seife verwendet. *C. pentandra* ist im Staatswappen von Nicaragua dargestellt.

Ochroma lagopus - Balsabaum

Fam. Bombacaceae - Wollbaumgewächse

Lebensraum: Der echte Balsabaum ist in den Bergwäldern der pazifischen Küste Mittelamerikas und in den Nebelwäldern Südamerikas heimisch, wird aber heute auch in Afrika und Asien angebaut. Es genügt ihm zum Wachstum ein nährstoffarmer, ausgelaugter Boden.

Beschreibung: Der Baum bildet einen oft ungewöhnlich dicken Stamm und wird bis zu 30 m hoch. Die helle Rinde ist getüpfelt, graubraun und glatt. Seine Blätter sind ungeteilt, herzförmig, handnervig, mit leicht abfallenden Nebenblättern und sehr groß. Auf der Oberseite sind sie dunkelgrün, auf der Unterseite weißlich. Die langgestielten, weißen Blüten sind mit 6 Kelch- und 6 Kronblättern bestückt und werden bis zu 10 cm lang. Die Pflanze ist außergewöhnlich schnellwüchsig.

Vermehrung: Der Balsabaum vermehrt sich ausschließlich durch Samen. Als Früchte bildet er bis zu 18 cm lange, zylindrische Kapseln aus, die paarweise aufrecht am Baum stehen. Nach dem Aufplatzen, noch an der Pflanze, sieht man die dichte, weißbraune Wolle, die die Samen einbettet.

Besonderheiten: (gr. óchroma = Bleichheit; lat. lagopus = Hasenfuß) Der Gattungsname deutet vermutlich auf die Blütenfarbe, der Artname auf die Früchte hin. Alle Modellbauer kennen das außerordentlich leichte und weiche Holz, das entsprechend gut zu verarbeiten ist. Seine Dichte beträgt nur etwa 0,12 bis 0,30 Gramm pro Kubikzentimeter. Zumeist kommt es in Form dünner Platten in den Handel.

Schinus molle - Pfefferbaum

Fam. Anacardiaceae - Sumachgewächse

Lebensraum: Die Heimat des Pfefferbaums ist Peru. Er kommt jedoch auch in anderen tropischen Ländern Südamerikas von Argentinien bis hinauf nach Mexiko vor.

Beschreibung: Der immergrüne, grazile Baum trägt wechselständige, unpaarig gefiederte Blätter. Die rispenartig angeordneten, unscheinbaren weißen Blüten sind zwittrig. Eine einfache Hülle von Kronblättern umschließt zumeist zwei Kreise von Staubblättern. Die fünf Fruchtblätter enthalten nur je eine Samenanlage.

Vermehrung: Nach der Bestäubung durch den Wind entwickeln sich aus den Blüten die pfefferkorngroßen, roten Früchte. Sie enthalten einen einzelnen Samen und hängen in dichten Büscheln.

Besonderheiten: Man nennt diesen Baum im Vorkommensgebiet auch „Arbol de los Incas", was weniger verwirrend ist als der deutsche Name. Die Früchte haben nämlich nichts mit dem echten, schwarzen Pfeffer *(Piper nigrum)* zu tun. Die Samen schmecken bitter und enthalten Gerbstoffe. Sie werden in Peru zur Herstellung von Essig und eines berauschenden Getränkes verwendet. Ein milchähnliches Harz aus dem Stamm, wie auch das in den Blättern enthaltene Öl und die gemahlene Rinde dienen medizinischen Zwecken. Aus den Blättern läßt sich ein gelber Farbstoff gewinnen. Seile legt man in einen Saft, der aus den Zweigen gewonnen wird, um ihre Dauerhaftigkeit zu erhöhen. Wegen seiner dekorativen Wirkung wird der Pfefferbaum häufig als Zierbaum angepflanzt.

Anacardium occidentale - Kaschubaum

Fam. Anacardiaceae - Sumachgewächse

Lebensraum: *A. occidentale* stammt aus relativ trockenen Gebieten der Karibik und Brasiliens. Er bevorzugt gute, humusreiche Böden.

Beschreibung: Der immergrüne Baum erreicht je nach Bodenbeschaffenheit eine Höhe von bis zu 12 m. Er hat eiförmige, bis zu 20 cm lange Blätter von ledriger Beschaffenheit, die wechselständig angeordnet sind. In endständigen Rispen bildet er gelblich-rosa Blüten, die meist zwittrig sind.

Vermehrung: Von den stark duftenden Blüten werden Insekten zur Bestäubung angelockt. Es entstehen einsamige, nierenförmige Früchte, die an einem stark angeschwollenen 5-10 cm langen, birnenförmigen Fruchtstiel sitzen. Dieser färbt sich im reifen Zustand gelb-rot.

Besonderheiten: Der deutsche Name leitet sich von dem Indiowort „kaju" ab. In Venezuela und Brasilien nennt man die Nuß „maranon". Die bohnenförmigen Früchte werden geröstet und kommen als Cashew-Nüsse in den Handel. Ihre Samenschale enthält ein scharfes Öl, das beim Hautkontakt Blasen verursacht. Deshalb ist dieses Öl erst seit der maschinellen Entfernung der Schalen von Bedeutung. Es wird zu Kunstharz umgewandelt und vielfältig verwendet. Die Fruchtstiele (Kaschu-Äpfel) sind roh eßbar, werden aber auch zu Konserven, Marmelade und Säften verarbeitet. Sie haben einen herben, apfelartigen Geschmack und einen angenehmen Geruch. Im unreifen Zustand werden sie von den Indios vergoren und in ein berauschendes Getränk verwandelt.

Theobroma cacao - Kakaobaum

Fam. Sterculiaceae - Sterkuliengewächse

Lebensraum: Der im Amazonasgebiet heimische Kakaobaum wird in Amerika zwischen 18 Grad N und 18 Grad S angebaut. In der Natur findet man ihn im Unterholz tropischer Regenwälder, auf den Überschwemmungsböden entlang der Amazonasflüsse. Er benötigt Schatten und immerfeuchtes Klima.

Beschreibung: Der immergrüne Kakaobaum kann bis zu 15 m hoch werden. In Kultur hält man ihn jedoch bewußt niedriger. Junge Blätter sind rot, mit dem Alter verfärben sie sich grün. Sie sind lanzettlich, ganzrandig, gestielt und bis zu 30 cm lang. Die gestauchten Blütenstände entspringen in den Achseln abgestorbener Blätter unmittelbar aus dem Stamm und aus dicken Ästen (Kauliflorie). Die Einzelblüte ist nur 1 cm groß, weißgelblich und blüht nur wenige Stunden.

Vermehrung: Nur eine bestimmte Fliegenart (Ceratopogonidae) bestäubt die fünfteilige Narbe. Die gurkenähnlichen Früchte werden bis zu 25 cm lang und bei Reife rotbraun. Die 30-50 Samen (Kakaobohnen) liegen in einem schleimigen, weißen Fruchtmus eingebettet. Die Reifezeit beträgt 5-8 Monate.

Besonderheiten: (gr. theós = Gott; broma = Speise) Die Kakaobohne wurde bereits in prähistorischen Zeiten kultiviert und diente den Azteken als Zahlungsmittel. Sie enthält das anregende Alkaloid Theobromin. Kakaobohnen werden fermentiert, geröstet und gemahlen. Die abgepreßte Kakaobutter findet im pharmazeutischen und chemischen Bereich, sowie bei der Schokoladenherstellung Verwendung.

Fam. Apocynaceae - Hundsgiftgewächse

Lebensraum: Die Hundsgiftgewächse stellen eine typisch (sub-) tropische Pflanzenfamilie dar. Viele ihrer Vertreter sind in Südamerika heimisch. Sie benötigen zum Gedeihen viel Bodenwärme, Feuchtigkeit und einen hellen Standort. Man begegnet ihnen bis zu einer Höhe von 2000 m N.N.
Beschreibung: Zu dieser zweikeimblättrigen Familie gehören viele prächtige Bäume, Sträucher und Kletterpflanzen, die Milchsaft in ihren meist verholzten Trieben führen. Die Blätter sind häufig einfach und ganzrandig. Die Blüten sind radiärsymmetrisch und zeichnen sich durch eine trichter- bzw. tellerförmige Krone aus. Sie bestehen aus fünf verwachsenen Kelch- und Blütenblättern sowie aus fünf miteinander verbundenen Staubblättern.
Vermehrung: Die Blüten können nur von Insekten bestäubt werden. Die Früchte erscheinen zweiteilig und enthalten viele Samen. Die meist flachen Samen sind oft mit einem Haarschopf versehen, die ihre Verbreitung durch den Wind vereinfacht.
Besonderheiten: Man rechnet ca. 2000 Arten in 200 Gattungen zu dieser Familie. (gr. apó= weg, kýnon = Hund). Die meisten Apocynaceen sind giftig. Aus einigen Arten werden Pfeilgifte und Fischköder hergestellt. Manche Gattungen wurden im Zweiten Weltkrieg durch Kautschukgewinnung berühmt. In vielen tropischen Gärten und Parks fallen Vertreter dieser Familie mit ihren großen, duftenden Blüten auf.

Plumeria rubra - Frangipani

Fam. Apocynaceae - Hundsgiftgewächse

Lebensraum: Plumerias sind ursprünglich im Norden Südamerikas und der Karibik heimisch, werden mittlerweile aber auch viel im asiatischen Raum als Zierpflanze verwendet. *P. rubra* gedeiht besonders häufig an trockenen, felsigen Standorten.
Beschreibung: Der 6-8 m hohe Baum entwickelt kurze, kräftige, milchführende Äste und Zweige. Die bis zu 30 cm langen, gestielten, lanzettförmigen Blätter sind wechselständig, auf der Oberseite glänzend und unterseitig behaart. Sie fallen während der Blütezeit ab und hinterlassen charakteristische Narben. Die roten Blüten stehen in endständigen Büscheln von über 20 cm Durchmesser zusammen. Die Einzelblüten mit einem Durchmesser von etwa 4 cm sind fünfzählig. Sie duften intensiv und halten sich ausgesprochen lange.
Vermehrung: Die Blütezeit ist während der Regenzeit. Kolibris und Insekten übernehmen die Bestäubung. Die paarigen, ledrigen, bis 20 cm langen Früchte sind stielrund und stehen rechtwinklig zum Stengel. Sie platzen an einer Seite auf und geben flache, fedrige Samen frei.
Besonderheiten: Der Name Frangipani soll auf einen Italiener aus dem 12. Jahrhundert zurückgehen, der Parfümhersteller war. An jenen Geruch erinnerten sich später Einwanderer in Amerika beim Riechen an den Blüten. *P. rubra* wird oft als „heiliger Baum" mit den Grabstätten und buddhistischen Tempeln Asiens in Verbindung gebracht.Er genießt dort den Ruf der Unsterblichkeit.

Annona cherimolia - Chirimoya

Fam. Annonaceae - Annonengewächse

Lebensraum: Die Chirimoya stammt aus dem Raum Südecuador/Nordperu. Sie wächst inzwischen, teilweise kultiviert, im ganzen tropischen und subtropischen Südamerika, jedoch meist in kühleren Lagen, so daß ihr Lebensraum bis zu 3000 m N.N. erreicht.
Beschreibung: Es handelt sich um strauchartige oder baumförmige, reich verzweigte Gewächse von bis zu 15 m Höhe. Die Blätter sind eiförmig und mit glattem Rand, ledrig und etwa 5 bis 10 cm lang. Während die Blüten ihrem Aussehen nach recht unscheinbar sind, ist ihr Duft sehr intensiv und angenehm.
Vermehrung: *A. cherimolia* wird ausschließlich von Insekten bestäubt. Aus der Vielzahl von Fruchtblättern einer Blüte entsteht eine Sammelfrucht, die eine grüne, ledrige Hülle mit netzartig gezeichneter Oberfläche hat. In das weißliche Fruchtfleisch sind zahlreiche schwarze Samen mit einer Länge von bis zu 1 cm eingebettet. Je nach Varietät erreicht diese Frucht einen Durchmesser von bis zu 15 cm.
Besonderheiten: Der Name stammt aus einer Indiospache (quechua chiri = kalt; muya = Pflanze) und verweist auf den gemäßigten Lebensraum. Die Chirimoya ist eine der wohlschmeckendsten Früchte. Sie wird roh verzehrt oder auch zu Eis verarbeitet. Da sie leicht verderblich ist, wird die Frucht kaum nach Europa exportiert. Die Pflanze wird nur selten kultiviert, deshalb sind Chirimoyas auch in Südamerika relativ teuer.

Bixa orellana - Orleansbaum

Fam. Bixaceae - Annattogewächse

Lebensraum: Der Orleansbaum wächst im ganzen tropischen Amerika und steigt im allgemeinen nicht über 1000 m N.N. Als kultivierte, eingeführte Nutzpflanze findet sich *B. orellana* weltweit in den tropischen Ländern.

Beschreibung: In der Wildform wird die Pflanze bis über 10 m hoch, sie sieht jedoch eher strauch- als baumförmig aus.
In Kultur läßt man sie nicht über 7-8 m hinauswachsen, um die Früchte besser ernten zu können. Die Blätter sind 10-30 cm lang und herzförmig, unterseits gefleckt. Die rosafarbenen Blütenrispen wachsen am Ende der Zweige. Die fünf Blütenblätter sind etwa 3 cm lang.

Vermehrung: Nach Insektenbestäubung und Befruchtung entstehen aus den Fruchtknoten 2-3 cm große, rotbraune Kapseln, die in ihrem Inneren ca. 20-50 Samen enthalten.

Besonderheiten: Bixa kommt aus einer karibischen Sprache und bedeutet rot. Der Artname leitet sich von dem Fluß Orelhana her, der heute Maranon heißt. Die weiche Samenschale enthält die ungiftigen roten Farbstoffe Bixin und Norbixin. Sie werden von den Indianern zum Färben von Haut und Haaren verwendet. Der unter der Bezeichnung Annatto oder Orlean bekannte Farbstoff wird auch zum Färben von Lebensmitteln, z.B. Reis, Käse, Margarine, Schokolade und Suppen verwendet. Auch die Kosmetikindustrie benutzt ihn, weshalb er für Peru und Ekuador ein wichtiger Exportartikel ist. Die Naturmedizin verwendet die Samen u. a. zur Behandlung von Würmern, Kopfschmerzen und Wunden.

Gattung Erythrina - Korallenbäume

Fam. Leguminosae - Hülsenfrüchtler

Lebensraum: Ursprünglich sind die meisten Korallenbäume in Brasilien beheimatet, einige jedoch auch in Afrika. Wegen ihrer Blütenfülle sind sie mittlerweile in allen tropischen Ländern als Zierpflanzen verbreitet.

Beschreibung: Die Pflanzen wachsen entweder strauch- *(E.crista-galli)* oder baumartig *(E.edulis, E.corallodendron).* Die kräftigen Stämme mit weichem Holz tragen weit ausladende Äste, deren Zweige häufig mit Dornen besetzt sind. Die Blätter sind entweder wechselständig geteilt oder ungeteilt, die einzelnen Blättchen bis zu 15 cm lang und lanzettförmig. Auch an den Blattstielen wachsen Dornen. Während der Trockenzeit wird das Laub abgeworfen. In langen Trauben entspringen an den Enden der Zweige die roten, 5 cm breiten Blüten, die weithin auffallend aus dem Grün der Umgebung herausleuchten.

Vermehrung: Nach der Bestäubung, die durch Kolibris erfolgt, entwickeln sich die für die Familie typischen, zwischen den einzelnen Samen eingeschnürten länglichen Hülsen.

Besonderheiten: (gr. erythrós = rot) Etwa 100 Arten der Gattung wachsen in den tropischen Ländern der ganzen Welt. Sie werden gerne als Zier- und Schattenpflanzen, z.B. in Kaffeeplantagen, angebaut. Die Blüten und jungen Blätter verschiedener Arten werden in Südamerika als Gemüse gegessen. Die Samen von *E. corallodendron* werden wegen ihrer Ähnlichkeit mit Korallen zu Schmuck verarbeitet. Einige Arten enthalten in den Früchten Betäubungsmittel.

Fam. Solanaceae - Nachtschattengewächse

Lebensraum: Nachtschattengewächse kommen auf der ganzen Welt vor. Mittel- und Südamerika bilden jedoch mit einer Konzentrierung von ca. 50% der Arten einen Schwerpunkt. Fast alle Solanaceen, die eine wirtschaftliche Bedeutung haben, stammen aus Südamerika.

Beschreibung: Die Solanaceen sind zweikeimblättrige Kräuter, Sträucher und kleine Bäume. Der Stengel ist aufrecht und verzweigt. Die Blätter sind wechselständig und oft unpaarig gefiedert, wobei große mit kleinen Fiederblättchen abwechseln. Alle Arten der Famile zeichnen sich durch eine große Übereinstimmung im Blütenbau aus. Die zwittrigen Blüten, die in spärlichen Blütenständen zusammenstehen, haben eine radartige, abgeflachte Krone mit 5 Zipfeln. Die Staubbeutel bilden einen Kegel.

Vermehrung: Die Bestäubung erfolgt bei Zwitterblüten innerhalb einer Blüte. Man spricht in diesem Fall von Selbstbestäubung. Nach der Befruchtung entstehen zweikammrige Beeren mit zahlreichen Samen. Nutzpflanzen dieser Familie werden ausschließlich vegetativ durch Knollen oder Stecklinge vermehrt.

Besonderheiten: Die Gattung Solanum ist eine der größten des Pflanzenreichs, sie umfaßt ca. 1000 Arten. Der Name Solanum (lat. solamen = Trost, Linderung) wurde bereits im 1. Jahrhundert n. Chr. von Celsus gebraucht. Er bezieht sich wohl auf die schmerzlindernde Wirkung einiger Arten. Ihren Ruf als Gift-und Arzneipflanzen verdanken die Nachtschattengewächse ihrem Gehalt an Alkaloiden.

Cymphomandra betacea - Baumtomate

Fam. Solanaceae - Nachtschattengewächse

Lebensraum: Die Baumtomate ist im Andenraum heimisch und wächst dort bis in Höhen von 2500 m N.N. Sie ist jedoch in den Tropen und Subtropen Südamerikas weit verbreitet. Inzwischen erstreckt sich ihr Anbaugebiet auch ins südliche Nordamerika.

Beschreibung: Die Baumtomate ist ein Halbstrauch, der 4-5 m hoch wird. Ihre Blätter sind etwa 10-15 cm groß und länglich-herzförmig. Den fünfzähligen, grün-weißen Blüten (siehe Solanaceen) entströmt ein angenehmer Geruch. Wie bei fast allen Solanaceen sind die Blüten zwittrig. Gleichzeitig befinden sich Blüten und Früchte unterschiedlichen Reifegrades an einem Strauch. Die Pflanze wächst ausgesprochen schnell, so daß innerhalb von wenigen Jahren die volle Größe erreicht ist.

Vermehrung: Nach der Bestäubung, die meist durch den Wind erfolgt, entstehen daraus eiförmige, ca. 6-7 cm lange Früchte. Sie färben sich im Reifungsprozeß orange bis rot und hängen in Trauben an langen Stielen.

Besonderheiten: Alle der mehr als 40 Arten der Gattung sind in Südamerika heimisch. (gr. kýphóma = Krümmung; andrós = des Mannes) Der Name weist auf das verdickte Konnektiv der männlichen Geschlechtsorgane hin. Die vitaminreichen Früchte sind eßbar (siehe auch Abschnitt Obst und Gemüse), weshalb die Pflanze auch kultiviert wird.

Brugmansia sanguinea - Stechapfel

Fam. Solanaceae - Nachtschattengewächse

Lebensraum: Verschiedene Arten dieser Gattung sind in Mittel-und Südamerika heimisch, sind jedoch auch in Asien und im Mittelmeerraum anzutreffen. B. sanguinea gedeiht in den Tropen in Höhenlagen bis zu 3500 m N.N., vornehmlich an sonnigen Standorten.

Beschreibung: Arten der Gattung Brugmansia sind mannshohe Sträucher oder kleine Bäume. Ihre Blätter sind wechselständig angeordnet, weichsamtig behaart und wellig gezähnt. Im Alter verlieren sie ihre Behaarung und werden ganzrandig. Die einzelstehenden Blüten werden bis zu 20 cm lang. Sie hängen schräg nach unten und duften abends. Die 5 Kelchblätter sind verwachsen. Die grün-gelbrote Blütenkrone ist schlank und trichterförmig, ihre Blattzipfel sind rückwärts gebogen.

Vermehrung: B. sanguinea blüht über das ganze Jahr. Wie bei den Röhrenblütlern üblich, erfolgt die Bestäubung durch Insekten, oder seltener durch Fledermäuse. Die Früchte sind 4-klappige Kapseln, die an der Spitze aufspringen und so die Samen freigeben. Entgegen dem deutschen Namen haben die Früchte dieser Art keine Stacheln.

Besonderheiten: Gelegentlich wird der Gattungsname Datura als Synonym verwendet. Die Gattung umfaßt 20 sehr ähnliche Arten. Alle Pflanzenteile sind giftig, sie enthalten Tropanalkaloide, die zur Herstellung verschiedener medizinischer Präparate mit betäubender und berauschender Wirkung verwendet werden. B. candida (weiße Engelstrompete) kommt aus Peru und Chile.

Caesalpinia pulcherrima - Pfauenstrauch

Fam. Leguminosae - Hülsenfrüchtler

Lebensraum: Beheimatet ist dieser Strauch im tropischen Südamerika, obwohl seine genaue Herkunft nicht anzugeben ist. Als Zierstrauch ist C. pulcherrima mittlerweile in allen tropischen Regionen der Erde verbreitet.

Beschreibung: Der immergrüne, stachelige Strauch wird 3-5 m hoch und wirkt aus der Entfernung unscheinbar und schütter. Die Blätter sind doppelt gefiedert, die einzelnen Fiederblättchen etwa 3 cm lang. Aus der Nähe betrachtet erkennt man die auffallend schönen, orangeroten Blütenstände, die 30-40 cm hoch werden und an den Zweigenden stehen. Aus dem fünfzähligen Kelch ragen die Einzelblüten mit fünf Kronblättern hervor. Mit dem Stiel sind sie etwa 10 cm lang. Die leicht nach oben gebogenen Staubblätter ragen weit aus der Blüte heraus.

Vermehrung: Die für die Familie typischen Hülsenfrüchte werden bis zu 15 cm lang und 3 cm breit. Sie sind flach und zur Reifezeit braun.

Besonderheiten: Etwa 125 Arten der Gattung sind bekannt., Sie sind nach dem italienischen Arzt und Botaniker A. Caesalpino (1519-1603) benannt (lat. pulcherrima = die Schönste). Die Früchte enthalten auffallend viele Gerbsäuren und können zum Färben und zur Herstellung von Tinte verwendet werden. C. echinata aus Brasilien liefert das echte Brasil- oder Pernambukholz, aus dem ein roter Farbstoff gewonnen wird.

Calliandra haematocephala
Roter Puderquastenstrauch

Fam. Leguminosa
Hülsenfrüchtler

Lebensraum: Die Heimat und das natürliche Verbreitungsgebiet der Calliandra-Arten liegen im (sub-) tropischen Amerika. Man begegnet ihnen im Tiefland, bevorzugt an halbschattigen Stellen.
Beschreibung: Dieser Strauch oder kleine Baum hat gefiederte Blätter. Die Blätter anderer Arten sind häufig doppelt gefiedert. Es gibt auch kletternde Vertreter der Gattung Calliandra. Die auffälligen Blütenstände sind endständig und ähneln in ihrer Form einer Puderquaste (siehe deutscher Name). Sie setzen sich aus vielen, engstehenden Einzelblüten zusammen, deren lange, seidig glänzende Staubblätter dem Blütenstand sein zierlich graziöses Aussehen verleihen. Im Falle von C. haematocephala sind die kleinen Einzelblüten weiß, die Staubfäden jedoch blutrot. Andersfarbige Arten variieren von hellgelb über rosa zu dunkelrot.
Vermehrung: Die Blütezeit beginnt im Herbst und dauert bis ins Frühjahr hinein. Aus den einblättrigen, oberständigen Fruchtknoten entwickeln sich nach der Befruchtung, wie bei allen Leguminosen, flache Hülsen. Diese springen bei der Reife auf, rollen sich ein und geben so die Samen frei.
Besonderheiten: (gr. kallos = Schönheit; andréios = männlich; haema = Blut; cephalos = Kopf). Der Name bezieht sich auf die schönen Staubfäden, die wie ein roter Kopf erscheinen. Die Gattung Calliandra zählt etwa 110 Arten. Eine Großzahl davon ist als Zierpflanzen in tropischen Gärten geschätzt.

Gattung Polylepis

Fam. Rosaceae - Rosengewächse

Lebensraum: Die Gattung Polylepis kommt ausschließlich auf dem südamerikanischen Kontinent vor, die meisten Arten im Andenraum von Venezuela, Kolumbien, Ecuador, Peru und Bolivien. Die südlichsten Vorkommen reichen am Ostrand der Kordillere bis Cordoba/Argentinien. Im tropischen Andenteil wachsen Polylepis-Arten bis zur Schneegrenze.

Beschreibung: Bei der Gattung Polylepis handelt es sich um zumeist niedrige Bäume oder Sträucher mit gedrehten Zweigen und krüppelhaftem Wuchs. Unter den Rosaceen fällt diese kleine Pflanzengruppe durch das charakteristische Aussehen ihrer Stämme auf. Sie sind von einer blättrigen, roten oder rostfarbigen Borke bedeckt, die Schuppen bildet, und so bei stürmischen Winden Schutz bietet. Die gefiederten Blätter sind spiralig angeordnet und an der Triebspitze dicht rosettenartig zusammengedrängt. Sie sind meistens fest und ledrig, typisch für an Trockenheit angepaßte Pflanzen. Blüten siehe P. incana.

Vermehrung: Polylepis wird durch den Wind bestäubt. Die Vermehrung erfolgt ausschließlich über Samen. Fortpflanzungsorgane und Früchte sind bei allen Polylepis-Arten etwa gleich gestaltet, (siehe P. incana).

Besonderheiten: Der Name (gr. polylepis = vielschuppig) erinnert an die besondere Rinde des Stammes. Die im Vorkommensgebiet gebräuchliche Bezeichnung der Pflanzen ist „Quenoa".

Polylepis incana

Fam. Rosaceae - Rosengewächse

Lebensraum: Entspricht dem Verbreitungsgebiet der Gattung Polylepis.

Beschreibung: P. incana ist ein kleiner, reich verzweigter Baum, der eine Höhe von etwa 3-4 m erreicht. Die Blätter sind dreizählig unpaarig gefiedert. Sie sind lanzettförmig, oberseits glänzend dunkelgrün und glatt, unterseits mit wellenartig gekrümmten Haaren bedeckt, die sich mit zunehmendem Alter dunkelbraun färben. Die Blüten sind in hängenden, wenigblütigen, bis zu 7 cm langen Trauben angeordnet. Die einzelnen Blüten sind etwa 7 mm breit und 5 mm lang und besitzen ovale, grüne Kelchblätter. Die Staubblätter sind purpurfarben und auffallend groß.

Vermehrung: Nachdem eine Bestäubung durch den Wind erfolgt ist, bringt jede Blüte eine einzige Nuß als Frucht hervor.

Besonderheiten: Die Pflanze wird im Verbreitungsgebiet auch „Coloradito" genannt. Der rote Farbstoff der Rinde wird heute noch gelegentlich, wie zu Zeiten der Incas, von den Indios zum Färben von Töpfen und Kleidung benutzt. Außerdem dient die Pflanze als Brennholz, als Bauholz für Häuser und Zäune, sowie als Grubenholz in den Minen. In Bolivien wird aus P. incana auch Holzkohle hergestellt.

Carica papaya - Melonenbaum

Fam. Caricaceae - Melonenbaumgewächse

Lebensraum: Ihre Herkunft ist umstritten, liegt aber entweder in Brasilien oder im nördlichen Südamerika, wo man noch heute die Wildform häufig findet. An den östlichen Andenhängen wächst die Berg-Papaya bis ca.1500 m N.N. Sie erträgt feuchte und relativ trockene Bedingungen.

Beschreibung: Die äußerliche Wuchsform ähnelt der einer Palme, das heißt, der Stamm der insgesamt bis zu 6 m hohen Pflanze ist säulenartig und unverzweigt. Sein Durchmesser beträgt bis zu 20 cm. Er trägt einen Schopf von 50-60 cm großen Blättern, die tief handförmig eingeschnitten sind. In den Blattachseln entstehen die Blütenstände. Ein Baum trägt nur entweder weibliche oder nur männliche Blüten.

Vermehrung: Die weibliche Pflanze bildet eine Vielzahl von bis zu 40 cm langen, eiförmigen Früchten, die zunächst grün sind und sich im reifen Zustand gelb färben. Sie enthalten eine dicke Schicht von gelbem Fruchtfleisch und eine große Anzahl von runden, grünen bis schwarzen, glitschigen Samen von 0,5 cm Durchmesser.

Besonderheiten: Die Pflanze ist nach einer Landschaft Kleinasiens benannt, Karien, die für ihre Feigenbäume berühmt ist, die eine gewisse Ähnlichkeit mit dem Melonenbaum haben. Wegen der wohlschmeckenden Frucht wird die Papaya weltweit angepflanzt. Papayas sind das ganze Jahr über auf den Märkten Südamerikas zu bekommen. In geringerem Maß werden sie auch zu Eis und Fruchtsäften verarbeitet. Das in Frucht und Blättern enthaltene Papain spaltet Eiweiß. Blätter und Früchte werden daher zum Zartmachen von Fleisch verwendet (Einwickeln bzw. Einreiben). Außerdem benutzt man den Wirkstoff in der Leder-,Tabak-, Textil- und Pharmaindustrie.

Cantua buxifolia - Inkablume

Fam. Polemoniaceae - Sperrkrautgewächse

Lebensraum: Die Gattung Cantua ist in den Anden von Bolivien und Peru beheimatet. Sie wächst in Höhen zwischen 3000 und 3800 m N.N. und stellt ein rein andines Florenelement dar.

Beschreibung: Der Strauch oder auch kleine Baum wird normalerweise etwa 3 m hoch, in Ausnahmefällen bis zu 5 m. C. buxifolia hat etwa 1 cm kleine, lederartige Blätter, die manchmal ganzrandig, bisweilen gekerbt sind. Die in trugdoldigen Blütenständen angeordneten Blüten sind fünfzählig und strahlig. Die Kronblätter sind glockenförmig gewachsen und bei der Wildform rot, kommen aber auch in gelben und orangeroten Varianten vor. .

Vermehrung: Blütezeit ist das ganze Jahr über. Die Bestäubung erfolgt hauptsächlich durch Kolibris. Als Frucht entsteht eine Kapsel. Die Zierarten vermehrt man überwiegend durch Ableger.

Besonderheiten: Die Samen enthalten Fette, Öle und Eiweiß, sind aber frei von Stärke. Seit alter Zeit wird die Pflanze von den Eingeborenen verehrt und wegen ihrer trompetenähnlichen Form als „Cantuta" bezeichnet. Sie ist die Nationalblume von Bolivien, da eine ihrer Zierformen Blüten in den Nationalfarben des Landes hat: der Blütenansatz grün, die Röhre gelb und die Enden der Kronblätter rot. Die sechs Arten der Gattung, die in den Anden vorkommen, stellen als Sträucher oder kleine Bäume eine Ausnahme in der Familie dar, deren Mitglieder sonst krautig wachsen.

Chusquea scandens - Kletterbambus

Fam. Gramineae - Gräser

Lebensraum: C. scandens ist eine von den wenigen Bambusarten, die nur in den Nebelwäldern Südamerikas vorkommt, in Höhen zwischen 2000 und 3200 m N.N. Ihr Verbreitungsgebiet erstreckt sich von Südostvenezuela über Kolumbien, Ecuador und Peru bis Bolivien.

Beschreibung: Für die einkeimblättrige Pflanze ist charakteristisch, daß sie ausdauernde, holzige, oft bis zu 20 m lange Halme bildet. Die Blattspreiten sind flach, bandförmig, parallelnervig, mit feinen Haaren bedeckt, und wachsen büschelartig an den Knoten der Halme. Die Abschnitte zwischen den Knoten sind kahl. Grünliche, unscheinbare Blüten, etwa 6 mm groß, wachsen in Trauben.

Vermehrung: Wie bei allen Gräsern erfolgt die Bestäubung durch den Wind. Außer durch die Früchte, die längliche, 8 mm lange, cremefarbene Kapseln sind, vermehrt die Pflanze sich durch Ableger. Halmstücke mit einem Knoten, die horizontal in der Erde liegen, entwickeln Wurzeln.

Besonderheiten: Chusque bedeutet in einer Indianersprache Bambus (lat. scandens = kletternd). Die Bambushalme sind von großer technischer Bedeutung und werden in vielfältiger Weise verwendet, z.B. als Konstuktionsmaterial beim Haus- und Brückenbau, für Wasserrinnen, Flöße, Möbel, Angelruten, Spazierstöcke, Fischreusen etc. Die Blätter werden an das Vieh verfüttert.

Psidium guajava - Guajavabaum, Guave

Fam. Myrtaceae - Myrtengewächse

Lebensraum: Die Pflanze ist in der Region zwischen Mexiko und Brasilien heimisch. Sie wird inzwischen weltweit in den Tropen und Subtropen als Nutzpflanze angebaut. Da sie robust und anspruchslos ist, verwildert sie vielfach.
Beschreibung: Die Guave ist ein Strauch oder ein kleiner, knorriger Baum. Die jungen Triebe sind vierkantig, die Rinde ist schuppig und grünlich. Die elliptischen Blätter sind gegenständig angeordnet und auf der Unterseite behaart. P. guajava bringt große, weiße Blüten hervor, die fünfzählig sind.
Vermehrung: Bei den Wildarten erfolgt die Bestäubung durch Insekten. Die Früchte, rund oder birnenförmig, werden bis zu 10 cm lang und sind gelbgrün gefärbt. Die Früchte der Zuchtformen enthalten im Gegensatz zu den Wildsorten nur wenige Samen. Sie werden daher normalerweise vegetativ durch Stecklinge vermehrt.
Besonderheiten: (gr. psides = Tropfen) Der Gattungsname weist vermutlich auf die Fruchtform hin. Die Früchte, die sehr reich an den Vitaminen A, B und C sind, schmecken aromatisch säuerlich und werden auch roh verzehrt. Häufiger noch werden sie zu Säften, Gelee und Marmelade verarbeitet. Es läßt sich auch Likör und Wein daraus herstellen. Die Blätter werden in der Pflanzenheilkunde bei Verdauungsstörungen angewandt. Insgesamt faßt die Gattung etwa 150 Arten zusammen, die alle in den wärmeren Regionen Südamerikas verbreitet sind.

Euphorbia pulcherrima - Weihnachtsstern

Fam. Euphorbiaceae - Wolfsmilchgewächse

Lebensraum: Der Weihnachtsstern stammt aus Mittelamerika. Oft wird Mexiko als seine Heimat angegeben. Heute findet man ihn jedoch im gesamten tropischen Amerika bis zu Höhen von 1300 m N.N. angepflanzt. Er bevorzugt sonnige Stellen.
Beschreibung: E. pulcherrima ist ein 3-4 m hoher Strauch, der in den feuchten Tropen immergrün ist, in den subtropischen Regionen aber in der Trockenzeit seine grünen Laubblätter verliert. Die bis zu 15 cm langen Blätter sind wechselständig und lang gestielt. Sie sind zugepitzt, ungeteilt oder verschiedenartig gebuchtet. Die Blütenstände setzen sich aus unscheinbar kleinen Blüten zusammen. Wie bei allen Mitgliedern der Gattung Euphorbia sind sie zu „Schein-Zwitterblüten", sog. Cyathien, vereinigt. Jedes Cyathium besteht aus einer langgestielten, blütenblattlosen weiblichen Gipfelblüte, die von 5 Gruppen männlicher Blüten umgeben ist. Sie sind von leuchtend roten, breit-lanzettlichen Hochblättern umgeben. Im giftigen Milchsaft, den dieses Wolfsmilchgewächs enthält, leben parasitische Geißeltierchen.
Vermehrung: Die Blüte, die einen Zuckergehalt von 60 % besitzt, lockt Vögel zur Bestäubung an. Aus dem Fruchtknoten der einzelnen weiblichen Blüte entwickelt sich dann eine dreifächrige Kapsel.
Besonderheiten: Der Weihnachtsstern wird auch Poinsettie genannt, nach dem Botschafter Pointsett aus Südkarolina, der sie Mitte des 19. Jahrhunderts nach Europa einführte. Der in den gesamten (Sub-) Tropen beliebte Zierstrauch wird in Europa als kleinwüchsigere Topfpflanze, auch als rosa, creme und weißblühende Zuchtform verkauft und blüht dort an Weihnachten. Die Atzteken gewannen aus den roten Hochblättern einen Farbstoff und aus dem Milchsaft ein Fiebermittel.

Thevetia peruviana - Schellenbaum, Tropischer Oleander — *Fam. Apocynaceae - Hundsgiftgewächse*

Lebensraum: T. peruviana ist zwar im tropischen Mittel-und Südamerika heimisch, jedoch als Zierstrauch auch in Afrika eingebürgert. Man findet ihn vor allem an trockeneren, tiefergelegenen Standorten.

Beschreibung: Der dichtbelaubte, immergrüne, starkverzweigte Strauch wird bis zu 4 m hoch. Wie alle Hundsgiftgewächse ist er milchsaftführend. Seine lineal-lanzettlichen Blätter sind beidendig zugespitzt und ca. 10 cm lang. Sie sind gegenständig angeordnet, erscheinen ledrig und oberseits glänzend. An den Zweigenden stehen gelbe, trichterförmige Blütenkronen, bestehend aus einer gewundenen Röhre und einem glockigen Saum.

Vermehrung: Die einzelne Blüte ist zwar kurzlebig, die Blütezeit jedoch dauert das ganze Jahr hindurch an. Der Duft der Blüte lockt Insekten zur Bestäubung an. Aus dem zweiteiligen Fruchtknoten entstehen kugelige, unregelmäßig vierkantige Schließfrüchte, die bei Reife schwarz werden. In ihrem Inneren befinden sich eckige Steinschalen.

Besonderheiten: Ihren Namen erhielt die Gattung nach dem französischen Mönch André Thévet, der im 16. Jahrhundert lebte und Südamerika bereiste. Sie besteht nur aus 9 Arten. Aus den harten Fruchtschalen werden Klappern und Schellen für indianische Bräuche hergestellt (deutscher Name !). Außer dem Milchsaft sind alle Bestandteile dieser Pflanze hochgiftig. Sie enthält das Glykosid Thevin, das in der Medizin gegen Herzkrankheiten und als fiebersenkendes Mittel verwendet wird.

Allamanda cathartica - Goldtrompete

Fam. Apocynaceae - Hundsgiftgewächse

Lebensraum: Die Heimat der Goldtrompete ist Brasilien. Man begegnet ihr aber in den gesamten Tropen und im Mittelmeerraum. Da sie eine relativ hohe Luftfeuchtigkeit benötigt, lebt sie in Südamerika im Tiefland und in den Andenländern kaum über 1000 m N.N.

Beschreibung: Der schnellwüchsige, immergrüne Schlingstrauch wird bis zu 6 m hoch. 3-4 ca. 10 cm lange Blätter sind jeweils quirlig angeordnet. Sie wirken ledrig glänzend, sind breit und an beiden Enden zugespitzt. Der Blattrand ist glatt oder leicht wellig. Die endständigen Blüten sind goldgelb und trichterförmig mit einem breiten Saum aus 5 abgerundeten Lappen. In der Knospenanlage sind die Blütenblätter gedreht.

Vermehrung: A. cathartica blüht ganzjährig. Aus dem zweiteiligen Fruchtknoten entstehen nach der Befruchtung eiförmige, lang-stachelige Kapseln, die zweiklappig aufspringen und zahlreiche, breithautrandige Samen freigeben.

Besonderheiten: Der Gattungsname erinnert an einen niederländischen Naturforscher, der in der zweiten Hälfte des 18. Jahrhunders lebte und Amerika bereiste (gr. katharos = rein; spätlat. catharticus = Abführmittel). 5 Arten der Gattung Allamanda kommen im tropischen Südamerika vor. Eine andere, häufig als Zierpflanze anzutreffende Art, ist A. violacea aus Brasilien, mit rosa-violetten Blüten. Aus den Blättern wird ein Tee aufgegossen, der gegen Darmkoliken und als Abführmittel, besonders bei Vergiftungserscheinungen, angewendet wird.

Bougainvillea spectabilis - Drillingsblume

Fam. Nyctaginaceae - Wunderblumengewächse

Lebensraum: Die Bougainvilleen sind ursprünglich in Brasilien heimisch. Wegen ihres prächtigen Aussehens wurde die Pflanze jedoch in allen (sub-) tropischen Ländern der Erde eingebürgert. In den Andentälern Boliviens und Perus wächst sie bis in Höhen von 3500 m N.N.

Beschreibung: Die Pflanze ist ein mehrere Meter hoher, dorniger Strauch, der mit Hilfe seiner hakenbesetzten Triebe klettert. Die eiförmigen, behaarten Blätter werden bis zu 10 cm lang. An den Triebenden bilden sich sehr viele Blüten, die aber unscheinbar sind. Auffällig sind die Hochblätter, in denen die Blüten ansetzen und die der Pflanze ihr herrliches Aussehen verleihen. Sie sind in der Wildform purpur gefärbt. Inzwischen existieren aber viele Zuchtvarianten von weiß über orange, rosa und lila bis rot.

Vermehrung: Die Bestäubung erfolgt durch Insekten. Nach dem Verblühen werden die Hochblätter trocken und braun. Sie bleiben an den kleinen Früchten und dienen ihnen als Windsegel, das sie weit wegtragen kann.

Besonderheiten: Der Name wurde zu Ehren von Louis de Bougainville gewählt, einem französischen Botaniker und Seefahrer, der die Pflanze bei einer Expedition (1766-1769) in Rio de Janeiro entdeckte und erstmals beschrieb. In Südamerika kennt man 18 Arten der Gattung, die wegen ihrer Farbenpracht und weiten Verbreitung als Zierpflanze nicht zu übersehen ist.

Lepidophyllum quadrangulare

Fam. Compositae - Korbblütler

Lebensraum: Diese Pflanze stammt aus dem Altiplano und der Puna, also dem Hochland von Bolivien und Peru. Das heutige Verbreitungsgebiet erstreckt sich bis Chile und Nordargentinien, wo sie ebenfalls ein charakteristisches Element der Landschaft des Hochlandes darstellt.

Beschreibung: L. quadrangulare ist ein Strauch, der bis zu 1 m hoch wird und sich durch eine mächtige Pfahlwurzel auszeichnet. Die reich verzweigten Stengel sind undeutlich vierkantig und enthalten sehr viel Harz. An den Zweigen sind die kleinen, schuppenförmigen Blätter dicht aneinander gereiht. Die Blüten sind klein und unscheinbar, von weißer Farbe.

Vermehrung: Insekten bestäuben die Blüten. Nach der Befruchtung entwickeln sich daraus kleine, mit einem Flugorgan versehene Samen, die vom Wind verbreitet werden.

Besonderheiten: (gr. lepis = Schuppe; phýllon = Blatt) In ihrer Heimat wird die Pflanze „Tola" genannt. Sie wird wegen ihres hohen Anteils an Ölen und in Ermangelung an Bäumen in den Hochlandregionen häufig als Brennmaterial genutzt. Sie zeigt in ihrer Wuchsform und der widerstandsfähigen Oberfläche die typischen Anpassungen an Wind, Kälte und Trockenheit. Die Einheimischen benutzen die Pflanze zum Färben von Naturfasern.

Erythroxylum coca - Kokastrauch

Fam. Erythroxylaceae - Rotholzgewächse

Lebensraum: E. coca stammt aus Bolivien und Peru und wächst dort in feuchtwarmen Schluchten subandiner Gebiete. Sie stellt geringe Ansprüche an die Bodenqualität. Andere Arten, z.B. E. novogranatense, stammen aus Kolumbien, Venezuela und der Karibik.
Beschreibung: Die strauchwüchsige Kokapflanze hat spiralig angeordnete Laubblätter, die elliptisch, 5-10 cm lang und 2-4 cm breit sind. Charakteristisch für die gesamte Familie sind Schuppenblätter an der Basis junger Zweige, in deren Achseln sich die zwittrigen Blüten entwickeln. Sie sind in Knäueln angeordnet und zeigen typische Anhängsel an den Kronblättern, die den freiliegenden Nektar überdecken. Die Blüten sind radiärsymmetrisch mit 10 am Grunde verwachsenen Staubblättern.
Vermehrung: Aus dem zwei- bis dreiteiligen Fruchtknoten entwickelt sich meist nur ein fruchtbares Fach mit einer Samenanlage. Nach der Bestäubung entsteht eine rote, längliche Steinfrucht, die durch Vögel verbreitet wird.
Besonderheiten: (gr. erythrós = rot; xýlon = Holz) Andenindianer nutzen das stark alkaloidhaltige Kokablatt seit Urzeiten für kultische und medizinische Zwecke. Außerdem wird es wegen seiner beruhigenden, Hunger, Schlaf und Kälte verdrängenden Wirkung gekaut oder als Tee getrunken. Durch chemische Verarbeitung kann das Rauschgift Kokain hergestellt werden. Andere Arten liefern Bauholz (E. areolatum aus Jamaika) oder Farbstoffe (E. tortuosum aus Südbrasilien).

Fam. Melastomataceae - Schwarzmundgewächse

Lebensraum: Vertreter dieser Familie sind zwar bezeichnend für alle Tropenfloren der Erde, doch dreiviertel aller Arten sind in Amerika beheimatet. Man trifft sie in den immergrünen Regenwäldern des Tieflands, sowie in tropischen Gebirgen bis zu 3000 m N.N. Manche davon gedeihen auch an trockeneren Standorten.
Beschreibung: Es handelt sich um Kräuter und Holzpflanzen bis zu 6 m Höhe. Einige sind Lianen und Epiphyten. Die gegenständigen, ovalen Blätter zeigen eine charakteristische Nervatur: 3-9 kräftige Adern verlaufen parallel zum Blattrand und sind durch viele, kleine Quernerven verbunden. Die rosa bis purpurvioletten Blüten erscheinen einzeln oder zu mehreren an den Zweigenden. Als besondere blütenbiologische Spezialisierung sind die hebelartigen Konnektivanhängsel an den langen Pollensäcken zu beachten.
Vermehrung: Die Bestäubung erfolgt durch Insekten, seltener durch Kolibris oder Fledermäuse. Die Früchte sind Kapseln, die von einem ausdauernden Kelchrohr umhüllt sind. Die Samen sehen wie kleine, spiralige Schnecken aus.
Besonderheiten: (gr. mélas = schwarz; stóma = Mund). Mehrere Arten haben wohlschmeckende Beeren, die aber den Mund anhaltend schwarz färben. Auch die Rinde enthält oft schwarze oder gelbe Farbstoffe. Tococa und eng verwandte Gattungen sind Myrmekophile, d.h. mit Ameisen vergesellschaftet. Die Ameisen leben in sackartigen Auswüchsen, die an den weichhaarigen Blattspreiten oder Stielen aufsitzen.

Tibouchina perpanthea

Fam. Melastomataceae - Schwarzmundgewächse

Lebensraum: T. perpanthea kommt vor allem in Südbrasilien und in den Andenstaaten vor. Sie bevorzugt Standorte in feuchten Tieflandsavannen.

Beschreibung: Die Pflanze zeigt einen strauchförmigen Wuchs und wird bis zu 1 m hoch. Sie hat die für die Familie typische gegenständige Blattstellung. Blattform und -aderung entsprechen der der Melastomataceen im allgemeinen. Die Blätter sind auffällig hellgrün und weich behaart. Die Blüten sind doldentraubig angeordnet und entwickeln 5-6 leuchtend purpurfarbige Kronblätter. Geknickte Staubblätter sind in 2 Kreisen angeordnet.

Vermehrung: Die einzelnen Blüten sind kurzlebig, die Blütezeit dauert jedoch mehrere Monate im Herbst und Winter. Bestäubung siehe Melastomataceen. Aus der zentralwinkelständigen Plazenta des Fruchtknotens entwickeln sich Kapseln.

Besonderheiten: Der Gattungsname kommt aus einer einheimischen Sprache Guayanas und stammt von Aublet, der dieses Land im Jahr 1762 bereiste. Die Gattung Tibouchina hat ca. 250 Arten, die sich durch hohen Aluminiumgehalt auszeichnen. Ihre adstringierende Wirkung wird in der indianischen Medizin genutzt.

Fuchsia simplicaulis

Fam. Onagraceae - Nachtkerzengewächse

Lebensraum: Mittel- und Südamerika sind die Heimat fast aller Fuchsia-Arten. F. simplicaulis wächst in den Gebirgswäldern der Anden oft zusammen mit Ericaceen, Orchideen und Farnen.
Beschreibung: Die Arten der Gattung Fuchsia haben meist einen niedrigen, strauchartigen Wuchs. Erwähnenswert ist ihre Fähigkeit, Feuchtigkeit aktiv auszuscheiden, was von der Pflanze Energie erfordert. Nach feuchtwarmen Nächten sieht man an den Blatträndern große Tropfen hängen. Dieses Phänomen ist keine Transpiration, sondern wird Guttation genannt. Die Blütenbecher sind lang und kräftig rot gefärbt. Die ebenfalls meist roten Kelchblätter stehen ab, die Kronblätter sind röhrenförmig angeordnet.
Vermehrung: Die Blüten sind an die Bestäubung durch Kolibris angepaßt, man spricht von Vogelblumen. Der Pollen wird am Schnabel und anderen Teilen des Vogelkopfes haftend übertragen. Die einzelnen Pollenkörner sind durch lange, klebrige Fäden miteinander verbunden. Nach der Befruchtung entwickeln sich die typischen Beerenfrüchte.
Besonderheiten: Der Gattungsname leitet sich von dem deutschen Arzt und Botaniker Leonhard Fuchs (1501-1566) ab. Schon Ende des 18. Jahrhunderts wurden Fuchsien in Europa importiert und sind seither als Zierpflanzen bekannt und beliebt. Liebhaber in den USA haben sich zu Fuchsiengesellschaften zusammengeschlossen. Es gibt in dieser Gattung zahlreiche Kreuzungen. Die Blütenfarben variieren von weiß bis rosa über karminrot bis blau und violett.

Agave americana

Fam. Agavaceae - Agavengewächse

Lebensraum: Das Entwicklungszentrum der Agaven liegt in Mexiko. Sie sind vom Süden der USA bis in alle tropischen Länder Südamerikas weit verbreitet. In den mediterranen Ländern ist A. americana eingebürgert. Sie besiedelt immer ausgesprochen trockenen Untergrund, übersteht in Kultur jedoch auch Gartenboden.

Beschreibung: Die fleischigen, am Rand mit Stacheln versehenen Blätter sind rosettenförmig angeordnet und wölben sich nach unten. Sie erreichen eine Länge von bis zu 1,5 m. Sie speichern große Wassermengen. Während eine Variante gleichmäßig graugrüne Blätter hat, sind sie bei der anderen gelb gerändert. Agaven werden mehrere Jahrzehnte alt. Am Ende ihres Lebens bilden sie einen mehrere Meter hohen Blütenstand aus, danach sterben sie ab. Die Blüten sind zwittrig, strahlig mit einer Blütenhüllblattröhre. Der Fruchtknoten ist dreifächrig, unterständig mit zahlreichen Samenanlagen pro Fach.

Vermehrung: Die Frucht ist eine fleischige Kapsel. Nach dem Verblühen beginnen an dem Blütenstand sich schon kleine Pflänzchen auszubilden, die nach dem Herabfallen im Boden verwurzeln. Mitunter werden auch sproßbürtige Ableger ausgebildet.

Besonderheiten: (gr. agauós = die Erhabene) A. americana wird im tropischen Südamerika gerne als Zierpflanze angebaut, oft an Grundstücksgrenzen. Im Gegensatz zu ihren mittelamerikanischen Verwandten (Sisal-Agave und Henequen-Agave) wird sie nicht zur Fasergewinnung, sondern als reine Zierpflanze verwendet.

Fam. Bromeliaceae - Ananasgewächse

Lebensraum: Die Pflanzenfamilie ist ausschließlich in Amerika über eine Distanz von rund 80 Breitengraden von Virginia bis in das südliche Argentinien verbreitet. Dazu kommt eine erstaunliche Höhenanpassung. Sie reicht von 0 bis über 4000 m N.N. Diese Zonen schließen sehr unterschiedliche klimatische Verhältnisse ein, wie sie nur selten von Pflanzen genutzt werden können.
Beschreibung: Es finden sich alle Variationen von winzig klein bis zu 12 m Höhe. Alle Arten sind mehrjährig. Die Wurzeln spielen im allgemeinen eine untergeordnete Rolle. Die häufigste aller Wuchsformen ist die Trichterbromelie. Sie ist bei den meisten Gattungen (Tillandsia, Vriesea, Guzmania, Aechmea) verbreitet. Diese haben spezielle Schuppen zur Wasseraufnahme, in deren Nähe sich auch stets Grün- und Kieselalgen, sowie Kleintiere ansammeln. Die meisten Bromelien nehmen Wasser und Nährstoffe ausschließlich über die Luft auf. Meistens wird ein endständiger Blütenstand gebildet, der sehr kurzlebig ist (oft nur ein Tag).
Vermehrung: Die Blüten sind meist geruchlos und werden von Vögeln (oft Kolibris), Insekten oder durch den Wind bestäubt. Als Früchte bilden sich Beeren oder Kapseln, die eine große Anzahl von Samen enthalten.
Besonderheiten: Die Familie ist nach einem schwedischen Botaniker des 17. Jahrhunderts benannt. Es sind über 2000 Arten von Bromelien bekannt. Die Ananas spielt eine wesentliche Rolle im internationalen Handel. Europäische Gärtnereien bieten eine große Zahl von Bromelien als Zimmerpflanzen an.

Gattung Puya - Riesenbromelien

Fam. Bromeliaceae - Ananasgewächse

Lebensraum: Die Arten der Gattung Puya kommen mit Ausnahme einer in Costa Rica heimischen Art in den höheren Lagen der Anden vor. Nur in Einzelfällen steigen sie bis auf 800 m N.N. herab (auf der pazifischen Andenseite Perus). Sie sind eine in den Andenländern häufig vorkommende Pflanzengruppe, die in manchen Bereichen das Bild der Landschaft mitprägt.
Beschreibung: Es handelt sich der Wuchsform nach um typische Schopfrosettenpflanzen, bei denen die inneren, jüngsten Blätter den Wachstumspunkt schützend einhüllen. An den Blatträndern finden sich Stacheln, die unangenehme Wunden hervorrufen können. Manche Arten bilden Stämme aus, die entweder aufrecht sind oder manchmal am Boden liegend ein verzweigtes System über mehrere Quadratmeter bilden. Andere Puya-Arten bleiben stammlos. Die Pflanzen bilden einen meist keulenförmigen Blütenstand, der aus der Mitte der Pflanze sprießt. Alle sind mehrjährig, sie werden bis zu 80 Jahre alt.
Vermehrung: Die Bestäubung erfolgt häufig durch Kolibris. In vielen Fällen gehen die Pflanzen nach dem Ausstreuen von zahlreichen kleinen Samen zugrunde.
Besonderheiten: Der Name der Gattung deutet auf die spitze Form der Blätter hin (span. puya = Lanzenspitze). Offensichtlich synchronisieren mehrere Puya-Arten ihre Blütenbildung. So kommt es zu dem Phänomen, daß innerhalb eines Bestandes alle 8 bis 10 Jahre plötzlich viele Exemplare zur gleichen Zeit blühen und Früchte bilden.

Puya raimondii

Fam. Bromeliaceae - Ananasgewächse

Lebensraum: Die Pflanze findet man nur noch an wenigen Standorten in Peru (Catac/Cordillera blanca, Aija/Cordillera negra, Lampa/Titicaca-See) und Bolivien (Comanche/NW von La Paz) in Höhen von etwa 4000 m N.N.
Beschreibung: Die P. raimondii ist die größte aller Bromelien. Sie wird ohne Blüte 4-5 m hoch. Auf einem bis zu 2 m hohen, meist verkohlten Stamm, der die Ansätze der abgestorbenen Blätter noch zeigt, sitzt ein kugelförmiger Schopf von lanzettförmigen, sehr harten, am Rande mit scharfen Stacheln versehenen Blättern, 2-3 m im Durchmesser. Am Ende ihres Wachstums, nach vielleicht 50 bis 100 Jahren, bringt die Pflanze einen ungeheuer imposanten, bis 5m hohen Blütenstand hervor, dessen tausende von blaßgelben Einzelblüten sich in der Blütezeit von unten nach oben öffnen.
P. raimondii stirbt nach der Blüte ab, da sie alle Nährstoffe dafür aufgebraucht hat.
Vermehrung: Blütezeit ist von Mai bis Oktober, jedoch findet man nicht jedes Jahr blühende Exemplare. Kolibris setzen sich zum Nektarsammeln auf die Blüten und befruchten gleichzeitig. P. raimondii vermehrt sich im Gegensatz zu allen anderen Bromelien ausschließlich durch geflügelte Samen.
Besonderheiten: P. raimondii ist vom Aussterben bedroht. Die ca. 400 Exemplare im bolivianischen Ort Comanche sind unter Naturschutz gestellt.

Guzmania sanguinea

Fam. Bromeliaceae - Ananasgewächse

Lebensraum: Das Heimatland von G. sanguinea ist vermutlich Ecuador. Heute ist sie vom brasilianischen Amazonasbecken bis nach Costa Rica und Trinidad anzutreffen. Alle Arten dieser Gattung benötigen Wärme, Schatten und hohe Luftfeuchtigkeit. Man begegnet ihnen bis in Höhen von 1000 m N.N.

Beschreibung: Ihrem Wuchstyp nach handelt es sich um eine typische stammlose Rosettenpflanze, die bis zu 20 cm hoch wird und epiphytisch lebt. Die Blätter werden maximal etwa 30 cm lang und 6 cm breit. Sie sind ganzrandig, am Grunde scheidig verbreitert und auf Ober- und Unterseite verschiedenfarbig. Zur Blütezeit färben sich die inneren, zum Mittelpunkt der Rosette hin immer kürzer werdenden Blätter leuchtend rot oder rotgelb. Der gedrängte Blütenstand selbst ist in die Rosette eingesenkt und deshalb nur von oben sichtbar. Er enthält 7 bis 12 Blüten, die gelb und ungefähr 6 cm lang sind.

Vermehrung: Nach der Befruchtung entwickeln sich aus den Fruchtknoten Kapselfrüchte, deren Samen mit Haarkronen versehen sind, um eine Verbreitung durch den Wind zu ermöglichen.

Besonderheiten: (lat. sanguineus = blutrot) Der Artname deutet auf die Farbe der inneren Blätter zur Blütezeit hin. Die Gattung Guzmania ist nach dem spanischen Apotheker und Pflanzensammler A. Guzman benannt und mit ca.100 Arten im nordwestlichen Südamerika verbreitet.

Ananas sativus - Ananas

Fam. Bromeliaceae - Ananasgewächse

Lebensraum: Die Wildform der Ananas, A. comosus, stammt aus Brasilien und Paraguay. Aus ihr entstand die Kulturform A. sativus, die mittlerweile vor allem in Mittelamerika, den Azoren und Hawaii in riesigen Plantagen angepflanzt wird. Sie ist an trockene Standorte angepaßt und kann monatelang ohne Regen auskommen.
Beschreibung: Die Ananas ist eine buschige Dauerpflanze mit Blattrosette. Die bis zu einem Meter langen Blätter sind gebogen und an ihren Rändern mit Dornen besetzt, die allerdings bei Zuchtformen auch fehlen können. Auf einem kurzen Schaft bildet sich mitten aus der Blattrosette der kolbige Blütenstand. Er ist von einem Blattbüschel gekrönt. Die nur etwa 2 cm großen rosa Blüten sind in Ähren angeordnet.
Vermehrung: Die Ananas bildet eine Sammelfrucht (Beere) aus. Sie entsteht ohne Bestäubung und enthält deshalb keine Samen. Die Vermehrung erfolgt daher ungeschlechtlich durch die an der Basis der Pflanze wachsenden Triebe, die sogenannten „Kindeln".
Besonderheiten: Das Wort „nanas" aus dem Guaranì-Dialekt formten die Portugiesen zu „Ananas". Die Spanier nannten die Frucht wegen ihrer Ähnlichkeit mit einem Pinienzapfen „piña", das im Englischen zu „pineapple" wurde. Zweimal können von einer Pflanze Früchte gewonnen werden, das erste Mal im dritten Jahr und noch einmal 18 Monate später. Das Fruchtfleisch ist sehr reich an Vitaminen.

Gattung Vriesea - Vrieseen

Fam. Bromeliaceae - Ananasgewächse

Lebensraum: Das Hauptverbreitungsgebiet der Gattung Vriesea ist Brasilien. In geringerer Artenzahl kommen die Vrieseen jedoch über ganz Mittel- und Südamerika verbreitet vor. Sie wachsen vor allem in den tiefen und feuchtwarmen Zonen. Die meisten Arten sind Aufsitzerpflanzen.

Beschreibung: Der Habitus der Vrieseen gleicht sehr dem der Tillandsien. Das einzige sichere Unterscheidungskriterium sind Schüppchen im Inneren der Blüte. Die grünen oder grauen Blätter sind meist rosetten- und trichterförmig angeordnet und niemals bestachelt. Die roten, gelben oder grünen Blütenstände schieben sich aus dem Trichterzentrum.

Vermehrung: In den Blütenständen bilden sich nach der Befruchtung die Kapseln, die mit einer deutlichen Haarkrone versehen sind. Sie werden vom Wind verbreitet.

Besonderheiten: Die Gattung ist nach dem holländischen Botaniker H. de Vries (1807-1962) benannt. Wegen der geringen Unterschiede schlug der deutsche Botaniker W. Rauh vor, die Gattungen Tillandsia und Vriesea zusammenzufassen. Bisher sind etwa 150 Arten beschrieben, jedoch dürften bei weitem nicht alle entdeckt sein. Viele Vrieseen werden kultiviert und in Europas Gärtnereien angeboten. Die epiphytischen Pflanzen müssen halbschattig und feucht gehalten werden, das Wasser wird in den Trichter gegossen. Die Arten mit grauen Blättern haben einen größeren Lichtbedarf als die grünblättrigen. Ihr Wasserbedarf ist sehr gering.

Gattung Tillandsia - Tillandsien

Fam. Bromeliaceae - Ananasgewächse

Lebensraum: Tillandsien besiedeln beinahe den gesamten südamerikanischen Kontinent, mit Ausnahme der südlichsten Regionen, vom tropischen Tiefland bis in Höhen von 4400 m N.N. (Zentralperu). Es handelt sich um typische Epiphyten, das heißt Pflanzen, die sich auf anderen Pflanzen eine Unterlage suchen, ohne dabei Parasiten zu sein. Gelegentlich besiedeln Tillandsien auch Felswände, Dächer oder Telefonleitungen, vor allem in luftfeuchten Gebieten.
Beschreibung: Tillandsien sind Rosettenpflanzen, jedoch kann ihr Erscheinungsbild sehr unterschiedlich sein, von trichterförmig bis zu bartflechtenähnlichen Astbesiedlern. Die Wurzeln sind zu kurzen, drahtigen Haftorganen umgewandelt oder fehlen auch ganz. Die Wasseraufnahme erfolgt ausschließlich über Absorptionshaare der Blätter. Diese bilden in den Basen Lagunen, in denen sich das Regenwasser ansammeln kann. Die Farbe variiert von tiefgrün über grau bis rotbraun. Trichterförmige Tillandsien bringen einen zentralen Blütenstand hervor. Bei wurzellosen Arten können die Blüten sehr unscheinbar sein.
Vermehrung: (siehe Bromelien) Als Aufsitzerpflanzen sind sie davon abhängig, daß ihre Samen durch Wind oder Tiere auf geeignete Plätze getragen werden.
Besonderheiten: Die Gattung ist nach einem schwedischen Botaniker und Arzt des 17. Jahrhunderts benannt. Bei üppigem Wuchs kann es vorkommen, daß Tillandsien ihre Unterlage erdrücken. In Europa werden mehrere kleinwüchsige Arten als Zierpflanzen auf Steine geklebt angeboten.

Tillandsia usneoides

Fam. Bromeliaceae - Ananasgewächse

Lebensraum: T. usneoides findet man von den südlichen Teilen der USA bis zu den nördlichen Regionen von Argentinien und Chile, sowohl in tiefen Lagen, wie in Höhen bis zu über 4000 m N.N (Ecuador, Peru, Bolivien). Sie besiedelt Bäume, Kakteen, Felswände, Stromleitungen u.ä. als Aufsitzerpflanze.

Beschreibung: Die Pflanze ähnelt einer Bartflechte. Sie hängt von ihrer Unterlage in bis zu meterlangen graugrünen Büscheln herab, die aus langen, millimeterdünnen Strängen bestehen. Es werden viele einzelne, gelbgrüne Blüten gebildet, mit etwa 1 cm langen Blütenblättern, die die Staubblätter einschließen.

Vermehrung: Die nach der Befruchtung entstehenden Kapseln enthalten viele mit Haaren besetzte Samen. Diese Haare dienen sowohl dem Transport durch den Wind, wie dem Anhaften der Samen an Äste etc. Häufiger ist die vegetative Vermehrung, indem Pflanzenteile vom Wind fortgetragen werden, und sich wieder an Bäumen verhaken. Jedes Stück wächst bei günstigen Bedingungen weiter.

Besonderheiten: Der Name T. usneoides ist wegen ihrer Ähnlichkeit von der Bartflechte (Usnea) hergeleitet. In USA wird sie als „old-man's beard" oder „Spanish moss" bezeichnet. Bei hervorragenden Wachstumsbedingungen kann die Pflanze bis zu 8 m lang werden und erreicht dann besonders bei Regen ein beachtliches Gewicht. In Brasilien sind aus diesem Grund schon mehrmals Telefonleitungen zusammengebrochen. Gelegentlich wird die Pflanze als Polstermaterial verwendet.

Fam. Cactaceae - Kakteen

Lebensraum: Mit Ausnahme der Gattung Ripsalis sind alle Kakteen Bewohner der Neuen Welt. Ihr Verbreitungsgebiet erstreckt sich vom südlichen Kanada bis nach Patagonien, von den Küsten des atlantischen und pazifischen Ozeans über niederschlagsarme Felswüsten bis in die Eisregionen der Gebirge.

Beschreibung: Es gibt sowohl pfenniggroße Arten, kaum zu erkennen, als auch baumgroße Exemplare. Das Leben in trockenen Regionen erfordert spezielle Anpassungen. Charakteristisch sind Wasserspeichergewebe und das häufige Fehlen von Seitensprossen. Dadurch wird die Oberfläche im Verhältnis zum Volumen der Pflanze aus Gründen geringerer Verdunstung vermindert. Die Blätter sind zu Dornen umgebildet, deren Anzahl, Länge, Form und Farbe mannigfaltig und für die Art charakteristisch sind. Kakteen blühen in allen Farben, meistens in weißen, gelben oder roten Tönen. Die Größe der geöffneten Blüten schwankt zwischen 5 mm und 40 cm Durchmesser.

Vermehrung: Außer über Samen vermehren sich Kakteen in der Natur oft durch abgebrochene Teile, die zu vollständigen Pflanzen heranwachsen (z.B. Opuntien).

Besonderheiten: Aus Selenicereus grandiflorus (Königin der Nacht) werden herzwirksame Medikamente erzeugt. Bei den Indianern ist der Genuß von Lophophora williansii wegen seiner berauschenden Wirkung (Mescalin) verbreitet.

Trichocereus pachanoi

Fam. Cactaceae - Kakteen

Lebensraum: T. pachanoi ist eine Charakterpflanze des bolivianischen und argentinischen Hochlands, die über weite Strecken hin vegetationsbestimmend auftritt. Die Pflanze liebt warme, luftige, sehr sonnige Standorte.
Beschreibung: Die Wuchsform ist baumförmig. Die Triebe sind gerundet, bläulichgrün, mit 6 bis 8 Rippen mit Quereinsenkungen. Stacheln sind nur im Jugendstadium vorhanden. An den Triebspitzen wachsen meist 4-6 Blüten mit weißen Blütenblättern, die sehr groß und auffallend, manchmal über 25 cm lang werden. Sie öffnen sich vor allem nachts und duften stark.
Vermehrung: Die Bestäubung erfolgt durch Insekten. In der Natur vermehrt sich T. pachanoi durch Samen, in Kultur häufiger durch Stecklinge und Pfropfen.
Besonderheiten: (gr. thrix = Haar; lat. cereus = Wachskerze) Von der Gattung Trichocereus sind bisher rund 50 Arten beschrieben, die alle in Südamerika heimisch sind. Sie gehören zu den in Kultur am wenigsten empfindlichen Kakteen, die selbst bei sehr nachlässiger Pflege noch gut wachsen. Die Sprosse von T. pachanoi werden häufig kultiviert, da sie, vor allem in Peru, auf den sogenannten Hexenmärkten als „Rauschgiftkaktus" angeboten werden.

Opuntia ficus indica - Feigenkaktus

Fam. Cactaceae - Kakteen

Lebensraum: Der Feigenkaktus stammt aus Mexiko und ist im 16. Jahrhundert nach Europa eingeführt worden. Heute ist er im Mittelmeerraum verwildert und weit verbreitet. Wie alle Kakteen findet man ihn vor allem in warmen und trockenen Gebieten.

Beschreibung: Die Pflanze wächst strauchig bis baumförmig. Bei O.ficus indica sind die Sprossen blattartig abgeflacht. Bei anderen Opuntien-Arten sind sie zylindrisch oder kugelig. Die einzelnen Triebe werden bis zu 50 cm lang. Auf ihrer Oberfläche befinden sich Areolen und zahlreiche gelbliche Borsten, die bei Berührung leicht abbrechen. Wegen ihrer Widerhaken sind die feinen, steifen Borsten schwer aus der Haut zu entfernen. Die Blüten sind gelb oder orange und erreichen einen Durchmesser bis zu 10 cm.

Vermehrung: Die Bestäubung wird, außer von Insekten (vor allem Schmetterlingen), auch von Vögeln und Fledermäusen durchgeführt. Die eiförmigen Früchte (Kaktusfeigen) sind gelblich rot. Wie alle Kakteen vermehrt sich der Feigenkaktus auch vegetativ durch Stecklinge.

Besonderheiten: Der Name Opuntia geht auf die gleichnamige griechische Stadt zurück. In manchen Gegenden wird die Opuntie wegen ihrer eßbaren Früchte angebaut. Aus den Säften wird in manchen Ländern ein hochprozentiges alkoholisches Getränk destilliert. Die mexikanische Cochenille-Opuntie mit ihren leuchtend roten Blüten und Früchten diente früher zur Zucht der Cochenille-Schildlaus. Aus dieser wurden karminrote Farbstoffe gewonnen, die z. B. in der Kosmetik Verwendung fanden.

Tephrocactus rauhii

Fam. Cactaceae - Kakteen

Lebensraum: Diese Art ist vom mittelperuanischen Andengebiet bis zur Magellanstraße in Südargentinien verbreitet, in den höheren und den trockeneren Gebieten ist sie oft der einzige Vertreter der Unterfamilie Opuntioideae. T.rauhii wächst von nahezu Meereshöhe bis auf über 4000 m N.N.
Beschreibung: Die Pflanzen bilden niedrig bleibende, im Alter oft dichte Polster mit kurzen, zylindrischen Sprossen und unterschiedlicher Bestachelung. Die Triebe erreichen eine Höhe von 25 cm, bei einem Durchmesser von etwa 8 cm. Von ihnen stehen weiße oder grauweiße Haare dicht und straff ab. Die Blütenform und -farbe sind unbekannt.
Vermehrung: Kakteen werden durch Insekten bestäubt. Vegetative Vermehrung, siehe Kakteen.
Besonderheiten: (gr. tephrós = einäschern) Die weißen Haare erwecken den Eindruck, als seien die Haare mit Asche bestäubt. Der Beiname bezieht sich auf den zeitgenössischen deutschen Botaniker W. Rauh. Alle Teile der Kakteen werden in ihrer Heimat irgendwie verwendet. In Mexico stellt man aus den Dornen Zahnstocher her. Besonders lange Dornen werden auch als Nadeln umgebildet
.

Pfeiffera miyagawae

Fam. Cactaceae - Kakteen

Lebensraum: Die Gattung ist mit 2 Arten in den heißen und trockenen tropischen Gebieten Ostboliviens vertreten. Sie wurde bisher in den Gebieten von Comarapa und Samaipata gefunden.

Beschreibung: P. miyagawae ist ein mäßig verzweigter, am Anfang aufrechter, später hängender epiphytischer Kaktus. Die Triebe sind 50-100 cm lang, etwa 2 cm dick und nach der Spitze zu verjüngt. Sie sind blaßgrün und an den Areolen oft violett überlaufen. Die Rippen sind drei-, seltener vier- oder fünfkantig und gebuchtet. Sie tragen weißliche, bis zu 7 mm lange Stacheln. Seitlich werden die Blüten gebildet, die ca. 15 mm lang und 3-4 cm breit werden. Ihre Kronblätter sind orangefarbig und die zahlreichen Staubblätter gelblich.

Vermehrung: Nach Bestäubung durch Insekten entwickeln sich kugelförmige, etwa 1 cm dicke Früchte, die bestachelt und dunkelrot sind. Wie jeder Kaktus vermehrt sich P. miyagawae auch vegetativ durch Ableger .

Besonderheiten: Die Gattung ist nach dem deutschen Arzt und Botaniker L. Pfeiffer (1805-1878) benannt. P. miyagawae wurde 1974 in Bolivien entdeckt. Sie ist eine der seltenen epiphytischen Kakteen-Arten und ein Beispiel für die vielen Pflanzenarten, die noch heute im tropischen Lateinamerika zu entdecken sind. Ihren Namen erhielt sie zu Ehren ihres Finders, M. Miyagawa, von den deutschen Botanikern W. Rauh und W. Barthlott.

Lobivia pentlandii

Fam. Cactaceae - Kakteen

Lebensraum: Das Hauptverbreitungsgebiet liegt in den Hochanden. Lobivien bilden einen wesentlichen Bestandteil der an sich recht spärlichen Vegetation in dieser regenarmen Region.

Beschreibung: L. pentlandii ist eine formenreiche Art der Kugelkakteen. Mehrere Pflanzen stehen in der Regel klumpenartig beieinander. Die Oberfläche zeigt ca. 15 Rippen, die durch schräge Querfurchen unterteilt sind. In ihnen befinden sich Areolen. Die bis 3 cm langen, meist gebogenen Stacheln haben eine gelb-bräunliche Farbe. Die Blüten sind rot-orange und werden bis zu 5 cm lang. Die Kronblätter bilden einen engen Trichter, der sich beim Aufblühen nicht völlig entfaltet.

Vermehrung: Die Blütezeit ist im Frühjahr. Neben der Vermehrung durch Samen verbreitet sich die Pflanze auch vegetativ durch Neubewurzelung von Ablegern.

Besonderheiten: Die Gattung Lobivia, deren Name auf eine Buchstabenumstellung des Heimatlandes Bolivien zurückgeht, ist sehr artenreich. Der Artenname L. pentlandii erinnert an den Entdecker der Pflanze, den Forschungsreisenden Pentland, der in der ersten Hälfte des 19. Jahrhunderts Bolivien und Peru besuchte. Die Gattung ist mit Echinopsis und Rebutia eng verwandt.

Abteilung Pteridophyta - Farngewächse

Lebensraum: Weltweit sind etwa 9000 verschiedene Farnpflanzen bekannt. Viele leben in den Feuchttropen Südamerikas, einige jedoch sind an extremste Lebensräume angepaßt (z.B. Hochanden, Feuerland). Manche wachsen auf Bäumen, andere auf Felsen, wieder andere im Wasser oder in der Erde.
Beschreibung: Farne besitzen ungeteilte, einfach oder mehrfach gefiederte Blattwedel, die in der Jugend zusammengerollt sind. Arten der Familie Polypodiaceen erkennt man leicht an dem kriechenden schuppigen Erdspross (Rhizom), aus dem sowohl Blätter als auch Wurzeln entspringen. Die Anhäufungen ihrer Sporenbehälter auf der Blattunterseite sind immer rundlich. Blechnaceen fallen durch die rote Färbung ihrer jungen Blattwedel auf. Bei ihnen sind Sporenbehälter immer linear angeordnet.
Vermehrung: Farne durchleben einen Generationswechsel. Da Blüten, im Sinne der höheren Pflanzen, fehlen, befinden sich die Fortpflanzungsorgane auf einem unscheinbaren, pfennigstückgroßen Gewebsstück, das somit die geschlechtliche Generation darstellt. Darauf wächst nach der Befruchtung die bekannte ungeschlechtliche Farnpflanze. Sie trägt auf den Blattunterseiten verschiedenartig angeordnete Sporenbehälter. Die reifen, staubartigen Sporen fallen auf einen Nährboden und wachsen wieder zu einem geschlechtlichen Pflänzchen heran.
Besonderheiten: Junge, noch eingerollte Blattspitzen von bestimmten Farnen (z.B. Diplazium esculentum, Pteridium aquilinum) werden als Salat gegessen. Aus Blattstielen von kletterndem Lygodium werden Körbchen geflochten. Verschiedenste Farne finden medizinische Anwendung.

Fam. Cyatheaceae und Dicksoniaceae - Baumfarne

Lebensraum: Die meisten Arten der Baumfarne wachsen in tropischen Bergwäldern, häufig Nebelwäldern, da sie eine hohe Luftfeuchtigkeit benötigen. In den Andentälern begegnet man ihnen zwischen 1200 und 3100 m N.N. Einige wenige Arten jedoch wachsen bevorzugt in feuchten Tieflandwäldern zwischen 200 und 700 m N.N.

Beschreibung: Da es im tropischen Amerika knapp 300 Arten von Baumfarnen gibt, werden sie hier zusammenfassend behandelt. Sie haben einen etwa armdicken, unverzweigten, holzigen Stamm, der meistens zwischen 3 und 5 m hoch ist, in Einzelfällen jedoch bis zu 20 m Höhe erreichen kann. Sekundäres Dickenwachstum gibt es bei den Farnstämmen nicht. Sie sind bei den Cyantheaceen mit Schuppen bedeckt und manchmal stachelig. Im Unterschied dazu erkennt man Dicksoniaceen an ihrem behaarten Stamm. Alte Stämme sind von einem dichten Mantel aus steifem Wurzelnetz umhüllt. Der Stamm ist gekrönt mit einer Rosette von meist gefiederten Blattwedeln, die bis über 3 m lang werden können. Abgefallene Blätter hinterlassen Narben am Stamm, die ein charakteristisches Muster ergeben.

Vermehrung: An den Unterseiten mancher Blätter sieht man braune Pünktchen. Dies sind Anhäufungen winziger Kapseln, die die Sporen enthalten, durch die sich Farne vermehren (siehe Farne).

Besonderheiten: Der Blättersud von Trichipteris procera wird bei Blinddarmreizungen getrunken. Die Stämme werden lokal als Baumaterial verwendet. Namen im Vorkommensgebiet: Helecho aboreo, Peine Peine, Leishmanios.

Adiantum raddianum - Frauenhaarfarn

Fam. Pteridaceae - Saumfarngewächse

Lebensraum: Arten der Gattung Adiantum trifft man in allen subtropischen und tropischen Gebieten an. In Südamerika jedoch ist der Artenreichtum besonders groß. Ihr Siedlungsbereich deckt Tiefländer sowie Hochgebirge ab. A. raddianum, A. poiretii, A. orbignianum und A. digittatum findet man in Höhen bis zu 4000 m N.N. Sie wachsen bevorzugt als Erd- oder Felsfarne an feuchten, schattigen Stellen.

Beschreibung: Die Blattwedel dieser Gattung erscheinen meist büschelig und ein- bis sechsfach gefiedert. Sie fallen auf durch ihren reizvollen Blattschnitt sowie den Farbkontrast zwischen dem hellen, kräftigen Grün der Fiedern und den glänzend schwarzen Stielen. Die Blattadern sind im allgemeinen einfach oder gegabelt.

Vermehrung: Typisch für die Gattung ist auch die Erscheinung der Sori. Sie liegen am Blattrand und sind vom umgeschlagenen Blattrand, oft nur von Blattlappen, bedeckt (siehe Farne).

Besonderheiten: A. raddianum wird weltweit als Hauptart für Züchtungen benutzt. Man findet sie nicht nur als Ziergrünpflanze sondern auch als Blattschnittpflanze in der Blumenbinderei.

Fam. Araceae - Aronstabgewächse

Lebensraum: Araceen spielen eine bedeutende Rolle in der Flora der (sub-) tropischen Regenwälder ganz Mittel- und Südamerikas. Sie kommen nicht nur im Tiefland sondern auch in Bergwäldern bis ca. 1500 m N.N. vor. Sie leben zusammen mit zahlreichen Palmen, immergrünen Laubhölzern und Epiphyten aller Art.
Beschreibung: Araceen sind großblättrige Rosettenpflanzen oder Wurzelkletterer. Mit Luftwurzeln, die aus den Sprossknoten entspringen, halten sie sich an Baumrinden fest, um dem Licht entgegenzuwachsen. Kletternde Araceen zählt man zu den Lianen. Durch Erdsprosse (Rhizome) oder Rhizomknollen können Araceen überdauern. Die Blätter sind häufig ungeteilt, herz- oder pfeilförmig und netzadrig. Obwohl sie im allgemeinen einfarbig grün und nur selten panaschiert sind, erscheinen sie äußerst dekorativ. Der Blütenstand ist bezeichnend für die Familie der Aronstabgewächse. Die Blüten sind an einem meist fleischigen Kolben (Spadix) angeordnet, der von einem Hochblatt (Spatha) umhüllt ist, das oft gelbgrünlich, manchmal auffällig gefärbt ist.
Vermehrung: Blütenstände können während des ganzen Jahres auftreten. Nach der Bestäubung durch Insekten entsteht eine Beeren-Sammelfrucht, in der die Samen heranreifen.
Besonderheiten: Viele Arten dieser Familie sind beliebte Zierpflanzen. Da Hybridisierung in der Natur häufig zu beobachten ist, erscheint die Formen- und Farbenvielfalt der Blätter beachtlich. Zu den Araceen gehören unter anderen auch folgende bekannte Gattungen: Anthurium (Flamingoblume), Caladium (Buntblatt), Dieffenbachia (benannt nach einem Wiener Hofgärtner aus der Mitte des 19. Jahrhunderts).

Monstera deliciosa - Fensterblatt

Fam. Araceae - Aronstabgewächse

Lebensraum: Die Heimat dieser auffälligen Aracee ist Mexiko. Doch ist sie häufig in tropischen und subtropischen Wäldern Mittel- und Südamerikas anzutreffen. Die jungen Pflanzen wachsen im Unterholz mit Moosen, Farnen, Palmen etc. Mit zunehmendem Alter und Größe jedoch streben ihre Blätter dem Licht entgegen.

Beschreibung: Nach dem Ausrollen zeigen junge Blätter eine andere Form als im Alter. Wenn sie genügend Licht bekommen, sterben bestimmte Bezirke der Blattspreite ab und es entstehen gelappte oder durchlöcherte Blätter. Die Größe der Blätter wird beträchtlich duch die Luftfeuchtigkeit bestimmt. M. deliciosa ist ein Wurzelkletterer (siehe Araceae). Der lange, kletternde Spross ist krautig und hohl. An ihm wächst der Blütenkolben, der von einem cremefarbenen Hochblatt umhüllt wird. Am oberen Ende des Blütenkolbens befinden sich einige verkümmerte Blüten. Darunter folgen die männlichen Blüten. Sie besitzen mehrere, zu einem kantigen Körper verwachsene Staubblätter. Die weiblichen Blüten am Kolbengrund basieren auf einem mehrfächrigen Fruchtknoten.

Vermehrung: Nach der Bestäubung reifen die Fruchtknoten zu einer zapfenähnlichen Sammelfrucht, die sich nach der Reife in Einzelfrüchte auflösen kann. Vegetativ vermehren sich kletternde Araceen leicht durch Stecklinge. Dazu reicht ein Sprossknoten mit einigen Luftwurzeln aus.

Besonderheiten: In Südamerika wird diese Pflanze umgangssprachlich „costilla de Adan" genannt. Die Gattungen Monstera und Philodendron sind nahe verwandt. Arten der letzteren Gattung haben ungeteilte Blätter.

Caladium bicolor - Buntblatt

Fam. Araceae - Aronstabgewächse

Lebensraum: C. bicolor stammt aus dem Amazonasgebiet. Andere Caladium-Arten sind in anderen Teilen des feucht-tropischen Amerika zuhause. Sie bevorzugen schattige Standorte mit humusreicher, feuchter Erde. In den Nebelwäldern der Andentäler kommen sie bis zu Höhenlagen von 1300 m N.N. vor.

Beschreibung: Aus dem knolligen, unterirdischen Stamm wachsen die langgestielten, schildförmigen, am Blattgrund herzförmigen Blätter. Ihr Gewebe ist dünn und die Oberfläche glatt. Sie treten in vielfältigen Farben und Mustern auf. C. bicolor zeigt eine intensive Rotfärbung entlang der Hauptaderung und unregelmäßige Marmorierung auf dem hellgrünen Untergrund. Im Winter sterben die Blätter ab. C. schomburgkii hat kleinere, festere, pfeilförmige Blätter, die ebenfalls bunt gemustert sein können. Wie alle Aronstabgewächse haben Caladien einen Blütenkolben mit männlichen und weiblichen Blüten.

Vermehrung: (siehe Araceen) Vegetative Vermehrung erfolgt durch Knollenteilung.

Besonderheiten: (malaisch kelady = eine Art Arum) In Lateinamerika kommen 16 Arten vor. Einige Caladien neigen auch am natürlichen Standort zu Kreuzungen. Natürliche und gezüchtete Hybride sind als Zierpflanzen beliebt. C. bicolor wird als Blattgemüse und als Heilpflanze genutzt.

Fam. Orchidaceae - Orchideen

Lebensraum: Die meisten Orchideenarten bewohnen die feuchten Wälder der (Sub-) Tropen. Einige leben aber auch unter extremen Bedingungen in den Hochanden oder in Feuerland. Man begegnet ihnen im allgemeinen zwischen Meereshöhe und 3000 m N.N. Artspezifisch wurzeln sie auf Bäumen, auf Felsen oder in der Erde.
Beschreibung: Orchideen haben parallelnervige Blätter, die, je nach Wuchsform und Sproßaufbau, mannigfaltig angeordnet sind. Häufig sind sie fleischig und an manchen Stellen verdickt, um Wasser speichern zu können. Die sehr unterschiedlich gestalteten Blüten sind dennoch unverwechselbar. Die drei äußeren Blütenblätter sind gleichfarbig. Von den drei inneren Blütenblättern ist eines, die Lippe, besonders auffallend gefärbt und geformt. Danach werden Orchideen häufig benamt. Staub- und Fruchtblätter sind verwachsen.
Vermehrung: Die Bestäubung erfolgt durch streng auf Blütenform und -duft spezialisierte Insekten. Eine Fruchtkapsel enthält unzählige staubfeine Samen. In der Natur benötigt ein Same zur Keimung die Symbiose mit einem bestimmten Wurzelpilz, da er selbst kein Nährgewebe besitzt.
Besonderheiten: Die Orchideen bilden nicht nur die größte Familie aller Blütenpflanzen (ca. 35 000 Arten), sondern zugleich stammesgeschichtlich eine der jüngsten. Seit 1731 wurden tropische Orchideen in Europa kultiviert. Jedoch erst seit Anfang dieses Jahrhunderts kennt man die Bedeutung der Pilzinfektion für die Keimung. Heute können Orchideen und ihre Hybriden in großer Zahl durch Meristemkultur vermehrt werden.

Epidendrum secundum

Fam. Orchidaceae - Orchideen

Lebensraum: Die Heimat dieses Arten-Komplexes zieht sich von Florida durch das ganze tropische Amerika bis Bolivien und Paraguay. E. secundum erscheint in feuchten Bergwäldern zwischen 1200 und 3000 m N.N. Die Art wächst häufig an sonnigen, lehmig-steinigen Straßenböschungen und nur selten auf Bäumen.
Beschreibung: Der Sproß von E. secundum ist von sympodialem Wuchs. Der dünne Schaft wird 50-150 cm lang. Er trägt am unteren Teil elliptische, grüne oder dunkelrote, ledrige Blätter und am kahlen Ende eine aufrechte, dichte Blütentraube. Sie setzt sich aus vielen kleinen Blüten zusammen, die im Farbton von weiß, rosa, violett über orange bis rot reichen. Alle Blütenblätter sind gleichartig lanzettlich gestaltet, außer der Lippe, die dreilappig und zierlich zerschlitzt ist.
Vermehrung: (siehe Orchideen) Blütezeit ist nahezu durch das ganze Jahr.
Besonderheiten: (gr.epidendrum = auf dem Baum lebend) Epidendrum ist eine der am längsten bekannten Orchideengattungen, Carl von Linné benannte und beschrieb sie erstmals 1753.

Vanilla planifolia - Echte Vanille

Fam. Orchidaceae - Knabenkrautgewächse

Lebensraum: Die V. planifolia stammt ursprünglich aus Mittelamerika, wird aber heute in allen Tropengebieten kultiviert. Madagaskar, die Komoren und Réunion, die sich 1964 zur „Alliance de la Vanille" zusammenschlossen, liefern heute etwa 80% der Weltproduktion.

Beschreibung: Die Vanille ist eine Kletter-Orchidee, die mit Hilfe von Haftwurzeln und langen Sprossen die Zone der Baumkronen erreichen kann. Ihre ungestielten, elliptischen Blätter sind etwa 20 cm lang, 5 cm breit und fleischig. Die duftenden Blüten entwickeln sich an den Blattachseln nacheinander an kurzen Trauben, haben aber wegen ihrer weiß-grünlichen Farbe keinen dekorativen Wert.

Vermehrung: In der freien Natur kann die Vanille-Blüte nur von einem bestimmten Hautflügler bestäubt werden, der die äußeren Blütenorgane durchbohrt und auf diese Weise die verklebten Pollenkörner (Pollinien) auf die Narbe überträgt. In Kultur wird die Vanille künstlich bestäubt, da der natürliche Bestäuber fehlt. Die schmalen, linearen Schotenfrüchte sind im reifen Zustand fleischig und duftend, Sie werden bis zu 30 cm lang. In den Schoten befinden sich zehntausende kleiner, schwarz glänzender Samen.

Besonderheiten: Von den ca. 30000 Orchideen-Arten ist V. planifolia die einzige Nutzpflanze. Schon die Azteken benutzten die Pflanze, die in Mexiko wild wächst, um ihrem beliebten Getränk „Flixochitl", d.h. der Schokolade, Vanillegeschmack zu verleihen.

Azorella compacta

Fam. Umbelliferae - Doldengewächse

Lebensraum: Die Gattung Azorella ist im Andenraum vor allem in der Puna verbreitet. A. compacta ist eine charakteristische Pflanze für die bolivianischen, peruanischen und nordchilenischen Anden. Sie wächst auf steinig-lehmigen Böden, gelegentlich in großer Zahl, in Höhen zwischen 3500 und 4200 m N.N.
Beschreibung: A. compacta wächst in Form von sehr kompakten und harten Polstern. Sie sind bei jungen Pflanzen nur etwa 15 cm hoch, bei einem Durchmesser von etwa 1 m. Der Hauptstamm wächst im Erdboden. Die rosettenförmig angelegten Seitenäste an seiner Spitze besitzen endständig kleine, spitze Blätter. Die Polster älterer Pflanzen bekommen eine konische Form und werden 50 cm hoch, während der Durchmesser gleichbleibt, da nur noch der zentrale Stamm wächst. Die Zweigenden und Blätter legen sich eng aneinander und verkleben durch ein von der Pflanze produziertes Harz. Die kleinen, schirmförmig angeordneten Blüten sind gelb und öffnen sich gegen Ende der Regenzeit (April/Mai).
Vermehrung: In Bolivien reifen die Früchte im Juni/Juli. Sie sind klein und besitzen zur Verbreitung durch den Wind Flügel.
Besonderheiten: Von der Gattung Azorella sind etwa 100 Arten bekannt. Die verharzten Polster sind nur mit Werkzeugen zu öffnen. Die getrockneten Pflanzen werden im Hochland als Brennmaterial verwendet, da es ansonsten wenig Bäume und Sträucher gibt.

Fam. Mimosaceae - Mimosen

Lebensraum: Mimosen findet man vorwiegend im tropischen und subtropischen Bereich. In Südamerika besiedeln sie sowohl das Tiefland, als auch höhere Lagen bis in Höhen von annähernd 4000 m N.N. in Bolivien, Peru und Ecuador.

Beschreibung: Die Mimosen sind Holzpflanzen bis zu Baumgröße (z.B. Akazien) oder Kräuter, auch kletternd. Die Wurzeln tragen Wurzelknöllchen mit symbiotisch lebenden Bakterien. Die Zweige sind häufig mit starken Dornen besetzt. Die Pflanzen haben doppelt gefiederte Blätter. Die Fiederblätter sind an besonders trockenen Standorten manchmal reduziert, so daß die typische Blattform nur noch bei ganz jungen Pflanzen erkennbar ist. Die Blüten sind klein und zu köpfchen- oder ährenförmigen Blütenständen zusammengefaßt. Auffallend daran sind die oft langen und deutlich gefärbten Staubbeutel.

Vermehrung: Nach der Bestäubung durch Insekten entwickeln sich Hülsenfrüchte, die eine große Anzahl von Samen enthalten.

Besonderheiten: (lat. mimus = Schauspieler) Der Name deutet an, daß die Pflanze anderen etwas vorspielt (siehe Mimosa pudica) Mehrere mittelamerikanische Arten sind Ameisenpflanzen, das heißt, die oft sehr großen Dornen werden von Ameisen angebohrt und besiedelt (z.B. Büffelhornakazie). Aus der Rinde werden in mehreren Fällen Gummi oder Gerbstoffe gewonnen.

Mimosa pudica - Sinnpflanze

Fam. Mimosaceae - Mimosen

Lebensraum: Die Pflanze, in Brasilien beheimatet, wächst in allen Ländern der Tropen als Wildkraut in den tieferen Lagen, bevorzugt an feucht-heißen Standorten. Sie stellt nur wenig Ansprüche an die Bodenqualität.

Beschreibung: Die halbstrauchige M. pudica erreicht eine Höhe von bis zu 60 cm, meist ist sie jedoch niedriger. Ihre dünnen, stacheligen und behaarten Stengel verzweigen sich strauchartig. Die Blätter sind in vier Finger geteilt und paarig gefiedert. Die Länge der Fiederblättchen liegt zwischen 5 und 10 mm. M. pudica bildet kugelförmige Blütenstände, etwa 1,5 cm im Durchmesser, die entweder rot oder weiß sind. Insgesamt erweckt die Pflanze einen etwas dünnen Eindruck.

Vermehrung: Nach der Bestäubung durch Insekten entstehen Hülsenfrüchte, die viele kleine Samen enthalten.

Besonderheiten: (lat. pudica: = schamhaft) Der Name deutet auf die Sensibilität der Pflanze bei Berührung hin. Erschüttert man einzelne Blätter, Zweige oder die ganze Pflanze, so klappen die Fiederblättchen paarweise nacheinander nach oben, die vier Blattfinger nähern sich und schließlich klappt das ganze Blatt nach unten. Die Bewegung erfolgt hydraulisch. Bei starker Reizung schreitet die Erregung über die ganze Pflanze auf- und abwärts fort. Die Pflanze sieht nun völlig verwelkt aus und deshalb wenig lohnend als Nahrung für vorbeistreifende Tiere. Innerhalb von etwa 20 Minuten erholt sich die Pflanze völlig, falls keine erneute Reizung erfolgt. Auch andere Pflanzen sind auf diese Weise reizbar, die Empfindlichkeit der Reaktion bei M. pudica ist jedoch einzigartig.

Fam. Amaryllidaceae - Narzissengewächse

Lebensraum: Viele Narzissengewächse leben in den subtropischen Trockengebieten zwischen den Westindischen Inseln im Norden und Brasilien, Argentinien und Chile im Süden. Einige findet man auch in feuchten Bergwäldern. Sie kommen von Meereshöhe bis fast 4000 m N.N. in Bolivien, Peru und Kolumbien vor. Artspezifisch bevorzugen sie direkte Sonne oder tiefen Schatten. Jedoch benötigen sie alle wasserdurchlässiges Erdreich.

Beschreibung: Alle Mitglieder dieser Familie sind Geophyten, d.h. sie besitzen unterirdische Sprosse, Knollen oder Zwiebeln. Mit Hilfe dieser Organe können sie Nährstoffe speichern und Trockenperioden überdauern. Ihre Blätter sind bandförmig und parallelnervig. Während der Trockenzeit verlieren viele Amaryllidaceen die Blätter. Da keine Assimilation mehr erfolgt, tritt dann die nötige Ruhepause für das unterirdische Organ ein. Dies scheint eine wichtige Vorraussetzung für die nächstjährige Blüte zu sein. Ihre Blüten sind meist radiärsymmetrisch, mit 1-2 Staubblattkreisen und einem unterständigen, dreiteiligen Fruchtknoten. Es handelt sich um mehrblütige Dolden. Die Anzahl kann jedoch bis zu einer Blüte reduziert sein, wie z.B. bei der Gattung Zephyranthes (Zaphirblume).

Vermehrung: Je nach Klimazone kann man blühende Amaryllidaceen zu allen Jahreszeiten finden. Die Bestäubung erfolgt durch Insekten. Die hautigen Samen werden mit dem Wind verbreitet. Die unteridischen Speicherorgane vermehren sich außerdem vegetativ.

Besonderheiten: (gr. amaryssein = funkeln lassen). Der Familienname Amaryllidaceen bezieht sich auf die Pracht der Blüten .

Hippeastrum yungacensis - Ritterstern

Fam. Amaryllidaceae - Narzissengewächse

Lebensraum: Diese auffällige Wildpflanze trifft man in den Nebelwäldern der Andentäler Perus und Boliviens. Sie steht an feuchten steilen Hängen zusammen mit Farnen, Begonien, Orchideen etc. In Höhen von 1700 bis 2300 m gedeiht sie im Schatten in humusreicher, gut durchlüfteter Erde.

Beschreibung: H. yungacensis ist eine Zwiebelpflanze mit einer grundständigen Rosette von dunkelgrünen, linearen Blättern. Seitlich an der Rosette entspringt ein kräftiger Blütenschaft, dem meist zwei trichterförmige Blüten aufsitzen. Die Farbe der 6 Kronblätter variiert je nach Population zwischen karmin- und ziegelrot mit einem gelblich-grünen Grund. Die 6 Staubblätter sind ungleich lang und nach oben gebogen.

Vermehrung: (siehe Amaryllidaceen) Diese Amaryllidacee kann fast das ganze Jahr in Blüte angetroffen werden.

Besonderheiten: (gr. ippeús = Ritter; stron = Stern) Der Artname leitet sich von den Nebelwäldern der Yungas her. Die Gattung Hippeastrum zählt etwa 70 in Südamerika heimische Arten. Die Begeisterung für die attraktiven Blüten führte speziell in den USA zum Zusammenschluß der Liebhaber in Gesellschaften, die jährlich Ausstellungen veranstalten. Inzwischen gibt es viele Hybridzüchtungen als Zimmerpflanzen, die in Europa an Weihnachten blühen. Der Aymara-Name im Vorkommensgebiet ist „Amancaya", der Quechua-Name „Wecompta". In manchen Gegenden wird aus den Blättern Tee gebraut.

Bomarea sanguinea

Fam. Amaryllidaceae - Narzissengewächse

Lebensraum: Die Gattung Bomarea kommt bevorzugt in den Andenstaaten vor. Man findet sie aber auch nördlich bis zu den Westindischen Inseln und bis Mexiko.
B. sanguinea wächst an Abhängen in subtropischen Bergwäldern zusammen mit Farnen, Begonien, Orchideen, Clusiaceen u.a. zwischen 1500 und 3300 m N.N.
Beschreibung: B. sanguinea ist ein krautiger Schlinger, der eine Stützpflanze benötigt, da sein dünner Stengel bis zu 6 m lang werden kann. Parallelnervige, lanzettliche Blätter wachsen entlang des gesamten Stengels und umgeben schützend die endständigen, jungen Blüten. Andere Arten dieser Gattung entwickeln kürzere, aufrechte Stiele (z.B. Bomarea dulcis). Der sympodiale Wurzelstock zeigt charakteristische Endknöllchen zur Wasser- und Nährstoffspeicherung. Bomareas sind mit Alstromerias nahe verwandt, was man an der Ähnlichkeit der Blüten leicht erkennen kann. Es handelt sich um auffällige Büschel intensivfarbiger, glöckchenartiger Blüten. In diesem Falle bildet der zusammengesetzte Blütenstand eine Kugel mit einem Durchmesser von etwa 15 cm. Die Einzelblüte ist rot-orange mit schwarzen Punkten.
Vermehrung: Die Blütezeit, von Januar bis Juni, dauert relativ lange. Die leuchtend orangen Samen entwickeln sich in Kapseln, die bei der Reife aufspringen.
Besonderheiten: Die Gattung ist nach einem französischen Naturforscher des 18. Jahrhunderts benannt. Sie zählt etwa 120 Arten.

Saccharum officinarum - Zuckerrohr

Fam. Gramineae - Gräser

Lebensraum: Die Herkunft des Zuckerrohrs ist wie bei vielen Kulturpflanzen unbekannt. Wichtige Anbauzentren befinden sich jedoch auf den Westindischen Inseln sowie in anderen tropischen und subtropischen Gebieten Mittel- und Südamerikas. Die Pflanze liebt stickstoffhaltige, gut durchlüftete Böden.

Beschreibung: Zuckerrohr ist ein mehrjähriges, bis zu 7 m hohes Gras. Der Sproß wird ca. 7 cm dick, ist in 10 -16 Knoten gegliedert und im Querschnitt oval. Den Markbereich füllen Fasern und fleischiges Grundgewebe. An jedem Knoten befinden sich Sproß- und Wurzelknospen (siehe Vermehrung). Die Sproßfarbe variiert von grün, gelb, dunkelrot bis schwarz, unter anderem abhängig von der Lichteinwirkung. Die Blätter sind in Scheide und Spreite gegliedert, lanzettlich und bis zu 2 m lang. Sie fallen leicht ab und hinterlassen charakteristische Narben. Der endständige, rispige Blütenstand wird bis zu 1 m lang und setzt sich aus hunderten, winziger männlicher und weiblicher Blüten zusammen.

Vermehrung: Aus den Sproß- und Wurzelknospen wird das Zuckerrohr vegetativ vermehrt. Die Blüten der Kulturformen bilden keine Samen aus.

Besonderheiten: (lat. saccharum = Zucker) Alexander der Große brachte 325 v. Chr. Nachrichten über diese Pflanze von Asien nach Europa. Der erste Anbau erfolgte etwa 1000 Jahre später in Spanien und auf den Kanarischen Inseln. Durch Kreuzungen verschiedener Arten wurden optimale Eigenschaften ausgewählt. Genutzt werden Teile des Sprosses zur Zuckerherstellung. Berühmt ist der aus Zuckerrohr gewonnene Rum aus der Karibik.

Büschelgräser

Fam. Gramineae - Gräser

Lebensraum: Im Hochland des Andenraums bilden die Büschel- oder Horstgräser den Grundstock der Vegetation. In Peru und Bolivien wachsen sie bisweilen noch in Höhen über 5000 m. Auch im nichttropischen Bereich Südamerikas, in Patagonien und Feuerland sind sie verbreitet.

Beschreibung: Horstgräser wachsen das ganze Jahr über. Sie erreichen eine Höhe zwischen 50 cm und 1 m. Die Büschel vergrößern sich von Jahr zu Jahr, da sie ausgeprägt am Rand wachsen, wobei die inneren Teile der Horste bisweilen absterben und so ein ringförmiges Gewächs entsteht. Die abgestorbenen Blätter hüllen die jungen Triebe schützend ein. Die Blätter sind infolge der Anpassung an die Trockenheit sehr hart und widerstandsfähig. Die zwittrigen Blüten sind in Ährchen angeordnet und von Spelzen umgeben.

Vermehrung: Wie bei allen Gräsern erfolgt die Bestäubung durch den Wind. Die Frucht ist einsamig, wobei Frucht- und Samenschale miteinander verwachsen sind.

Besonderheiten: Büschelgräser gibt es in den Gattungen Festuca, Agrostis, Poa, Stipa, Calamagrostis, Cortaderia und Deschampsia. Sie bedecken, im Gegensatz zu anderen Grasgattungen, niemals flächendeckend den Boden, sondern lassen Zwischenraum, in dem Sträucher wachsen können. Die Gattung Cortaderia (Pampasgras), die in Südamerika an feuchten Stellen, meist an Flüssen und Bächen wächst, wird in Europa als Zierpflanze genutzt.

Stipa ichu - Ichú-Gras

Fam. Gramineae - Gräser

Lebensraum: Dieses Büschelgras besiedelt vorzugsweise die Hochlagen Perus, Boliviens und Nordargentiniens. Es wächst in Höhen von ca. 2000 -5000 m N.N. und erzeugt dort das charakteristische Vegetationsbild. Es gedeiht nur an sehr trockenen Standorten.
Beschreibung: Die Horste werden bis zu 60 cm hoch. Ältere Exemplare haben einen abgestorbenen zentralen Teil. Normalerweise sind die sehr harten Halme hellbraun, nur während der Regenzeit von Januar bis April findet man in Teilen grüne Pflanzen, Zu dieser Jahreszeit entstehen auch die zwittrigen Blütenstände.
Vermehrung: Die Blüten werden durch den Wind bestäubt. Gegen Ende der Regenzeit entwickeln sich Nußfrüchtchen, die durch den Wind weggetragen werden.
Besonderheiten: Die Horste von S. ichu bilden ein eigenes Mikroklima aus. Im Inneren der Pflanze können Temperaturen gemessen werden, die um ca. 7 Grad über der Außentemperatur liegen. Wenn es zu Reifbildung kommt, bleiben die zentralen Büschelteile reiffrei. Im Andenraum ist dieses Büschelgras zusammen mit den verwandten Arten eine wichtige Pflanze: Sie vermindert einerseits die Erosion der dünnen Bodenkrume, andererseits dient sie den Lamas und Alpacas als oft einzige Nahrungsquelle und stellt somit die Grundlage der Landwirtschaft in diesen Regionen dar. In Bolivien und Peru wird die Pflanze als „Ichú-Gras" (Igel-Gras) bezeichnet.

Fam. Loasaceae - Loasengewächse

Lebensraum: Mitglieder dieser Familie kommen mit Ausnahme einer Gattung ausschließlich in Amerika vor. Sie treten als Steppen- oder Wüstenpflanzen in allen Höhenlagen auf. Sie gedeihen in lehmigem, steinigem oder sandigem Erdreich an sonnigen Standorten.

Beschreibung: Es handelt sich um Kräuter, selten Sträucher. Es gibt auch Loasaceen mit windendem Wuchs. Die Winderichtung kann am selben Stengel wechseln, was eine seltene Erscheinung bei Schlingpflanzen ist. Die spiralig oder gegenständig gestellten Laubblätter sind entweder einfach oder geteilt. Beachtenswert ist die Ausbildung der Haare bzw. Borsten, die die Spreite bedecken. Sogar innerhalb einer Art kann ihre Form unglaublich vielfältig sein. Es kommen nicht nur Drüsen- und Brennhaare vor, sondern auch Haare, die mit nach vor- bzw. rückwärts gerichteten Stacheln besetzt sind. Die zwittrigen Blüten treten einzeln oder mehrfach auf. Häufig sind ihre Teile fünfzählig.

Vermehrung: Die Blüten werden durch Insekten bestäubt. Im meist unterständigen Fruchtknoten werden zahlreiche Samenanlagen entwickelt. Die kapselartigen Früchte beinhalten relativ kleine Samen mit sehr unterschiedlicher Schalenstruktur. Sie enthalten viel Fette, Eiweiße und manchmal Stärke.

Besonderheiten: Der Name leitet sich aus einer südamerikanischen Sprache ab. Samen, besonders der Gattung Mentzelia (Schönnessel) werden von den Indianern zu Mehl verarbeitet.

Caiophora lateritia - Fackelbrennkraut

Fam. Loasaceae - Loasengewächse

Lebensraum: C. lateritia (syn. Loasa lateritia) ist in Argentinien, Peru, Bolivien und Chile beheimatet. Sie bevorzugt trockene Regionen und wächst vor allem in felsigen, steinigen Gebirgsgegenden bis 4000 m N.N.

Beschreibung: Es handelt sich um eine krautige Pflanze, deren Blätter mit langen Brennhaaren versehen sind. Die Blätter sind etwa 5-10 cm lang und kurz gestielt. Sie sind gegenständig angeordnet und tief gelappt. Der Blattrand ist gezähnt. Die verwachsenen Kronblätter der symmetrischen Blüte sind ziegelrot, ihr Durchmesser beträgt ca. 2,5-5 cm.

Vermehrung: C. lateritia blüht etwa von September bis Februar. Sie vermehrt sich durch Samen. Die schmale, länglich-gedrehte Fruchtkapsel ist 5-7 cm lang.

Besonderheiten: (lat. latericius = ziegelfarbig; gr. kaiein = brennen, phoros = tragend). Die Behaarung der Pflanzen erregt auf der Haut einen brennenden Juckreiz. Alle 50 Arten der Gattung Caiophora sind in Südamerika heimisch. Viele von ihnen sind auffällige, attraktive Schlingpflanzen und werden lokal in Steingärten angepflanzt.

Fam. Musaceae - Bananengewächse

Lebensraum: Musaceen sind in den Tropen und Subtropen der Alten und der Neuen Welt weit verbreitet. Sie gedeihen bevorzugt in den Niederungen und unteren Bergregionen. Einige dringen auch in Höhen von 1500-2000 m N.N. vor.

Beschreibung: Es handelt sich um große, ausdauernde, einkeimblättrige Kräuter, oft mit Wurzelstock. Aus den langen, breiten Blattscheiden, die eng aneinander liegen, entsteht ein Scheinstamm. Die Blätter sind zweizeilig oder spiralig und gliedern sich in Scheide, Stiel und Spreite. Von einer kräftigen Mittelrippe zweigen Seitennerven in einem stumpfen Winkel ab. Durch den Wind reißen die Seiten parallel zu den Nerven ein, sodaß sie gefiedert erscheinen. Bei Arten, die nach der Samenreife absterben, sind Blütenstände endständig, bei langlebigen Arten entspringen sie den Blattachseln. Die wickelförmigen Teilblütenstände sitzen auf Tragblättern von unterschiedlicher Größe und Farbe. Die monosymmetrischen Blüten sind zwittrig oder eingeschlechtlich. Der unterständige Fruchtknoten ist immer dreifächrig.

Vermehrung: Angelockt durch die auffällige Blütenfarbe und reichlich dünnflüssigen oder schleimigen Nektar werden kleine Vögel, Schmetterlinge und Fledermäuse. Durch sie erfolgt die Bestäubung. Die Früchte können sehr verschieden sein.

Besonderheiten: (arab. mauza = Banane). Aus Amerika sind Blattfossilfunde aus dem Tertiär bekannt.

Heliconia rostrata - Geschnäbelte Heliconie

Fam. Musaceae - Bananengewächse

Lebensraum: H. rostrata ist in Peru beheimatet, die Gattung jedoch ist im gesamten sub- und tropischen Bereich Mittel- und Südamerikas verbreitet. Man findet sie häufig dem direkten Sonnenlicht ausgesetzt in Tiefländern und unteren Bergregionen.
Beschreibung: Wie die Arten der Gattung Musa besitzen Heliconien einen verdickten Wurzelsproß und einen Scheinstamm. H. rostrata kann bis zu 3 m hoch werden. Ihre Blätter sind zweizeilig gestellt und wie ihr drehrunder Stiel leicht bereift. Die dekorativen Blütenstände hängen an einem roten Stiel. Sie setzen sich aus etwa 12 dicken Tragblättern zusammen, die, in rot mit gelb-grünem Rand, dem Oberschnabel eines tropischen Vogels ähneln. Die Blütenblätter sind schwefelgelb und ragen gespreizt aus dem bereiften Tragblatt hervor.
Vermehrung: Die zwittrigen Blüten werden von Kolibris bestäubt. Die reifen, holzigen Kapseln zerfallen in 3 aufspringende Teilfrüchte.
Besonderheiten: Der Name leitet sich vom Helicon-Gebirge in Böotien her, das bei den Griechen als Sitz der Musen galt. Heliconia ist die größte Gattung der Musaceen. Allein in Amerika sind 40 Arten beheimatet. Sie werden häufig als Zierpflanzen angebaut.

Fam. Passifloraceae - Passionsblumengewächse

Lebensraum: Der Großteil der Passionsblumenarten stammt aus den tropischen Ländern Amerikas, hauptsächlich aus Brasilien. Sie sind wegen der Schönheit ihrer Blüten inzwischen in vielen Teilen der Erde eingeführt worden.
Beschreibung: Die meisten Passionsblumen sind rankende Pflanzen, von kleinwüchsigen Kräutern, bis hin zu großen, verholzten Gewächsen. Mehrere Arten bilden unterirdische Sproßknollen. Ältere Stämme können eine korkartige Rinde entwickeln. Blattgröße und Blattform variieren beträchtlich, an einer Pflanze erscheinen oft glattrandige und gelappte Blätter gleichzeitig. Die Blüten entspringen ebenso wie die Ranken in den Blattachseln und können einzeln oder in Gruppen stehen. Kennzeichnend ist ein Kranz von Staubfäden zwischen den Blüten- und Staubblättern, die den Blüten ihr charakteristisches Aussehen verleihen.
Vermehrung: Durch den Kranz von Filamenten (siehe Beschreibung) werden Insekten und Vögel zur Bestäubung angelockt. Bei den Früchten der Passionsblumen handelt es sich um Beeren, die sehr groß werden können und bei P. quadrangularis ein Gewicht von 5 kg erreichen. Das gelatinöse Fruchtfleisch enthält viele kleine Samen.
Besonderheiten: (lat. passio = Leiden; flos = Blume) Die Blütenteile wurden von verschiedenen Autoren als Zeichen des Leidens Christi interpretiert. Die Früchte mehrerer Arten werden gegessen, z. B. von P. maracuya, P. alata und P. mixta. Die Bezeichnung Grenadille für alle Passionsfrüchte wurde von den Spaniern wegen der Ähnlichkeit mit dem Granatapfel gewählt.

Passiflora rosea - Rosa Passionsblume

Fam. Passifloraceae - Passionsblumengewächse

Lebensraum: P. rosea besiedelt Waldränder in den subtropischen Zonen von Bolivien, Peru und Chile. Sie gedeiht besonders gut im Halbschatten und wird deshalb gerne in Gärten, z. B. zum Bewuchs von Pergolas, verwendet.
Beschreibung: Die Kletterpflanze hält sich mit Hilfe von Fadenranken an einer Stütze fest. Diese Ranken entspringen aus den Blattachseln. Die Blätter sind dreilappig gefiedert, die Blattränder sind zackig. P. rosea hat einen auffälligen Blütenbau, der keine Ähnlichkeit mit den anderen Arten der Familie aufweist. Die 5 Kelchblätter sind außen grün und innen rosa, die Kronblätter sind beiderseits rosa. Letztere sind zu einer Röhre verwachsen. Der Blütengrund bildet einen Behälter für Nektar.
Vermehrung: Meist erfolgt Selbstbestäubung, in Einzelfällen können auch Kolibris bestäuben. Nach der Befruchtung entstehen längliche, bis zu 10 cm lange Beeren mit zahlreichen Samen, die von einem gelb-orangen Fruchtfleisch umgeben sind.
Besonderheiten: Die wenig bekannte Art wird in Lateinamerika auch „Tumbo" genannt. Das saftige Fruchtfleisch schmeckt erfrischend säuerlich und wird als Fruchtsaft zubereitet oder einfach roh gegessen. Es hat jedoch nur einen geringen Nährwert.

Passiflora edulis - Granadille

Fam. Passifloraceae - Passionsblumengewächse

Lebensraum: Die Granadille ist in Brasilien heimisch, wächst jedoch in allen tropischen Ländern Lateinamerikas wild und wird in vielen Ländern der Erde angebaut. Sie besiedelte ursprünglich Wälder und Waldränder.
Beschreibung: Der Strauch klettert mit Hilfe seiner zahlreichen Ranken, die meist neben den Blüten entstehen, an Bäumen oder anderen Stützen dem Licht entgegen. Die wechselständigen Laubblätter sind tief dreilappig und ca. 10-20 cm breit. Die Blütenhülle besteht aus 5 großen, weißen und auffällig purpur gemusterten Kronblättern und einer gleichen Zahl von Kelchblättern. P. edulis blüht den ganzen Sommer über.
Vermehrung: Hummeln und Bienen besuchen die Blüte, aber auch Kolibris sind schon beobachtet worden. Der Strahlenkranz der Blüte dient zusammen mit der Krone als Lockmittel und stellt dann die Fläche dar, auf der das Insekt wie auf einem Rost im Kreis gelenkt wird, um immer wieder an einer anderen Stelle den Rüssel in den Nektarbehälter zu senken und gleichzeitig zu bestäuben. Die hühnereigroßen Früchte sind gelb, manchmal mit purpurnen Flecken und enthalten viele Samen.
Besonderheiten: 20 der ca. 400 Arten der Passionsblumen besitzen eßbare Früchte. P. edulis ist die wirtschaflich wichtigste Art und ist auch als „Maracuja" im Handel. Die Blätter enthalten Alkaloide und werden bisweilen zur Herstellung einer blutdrucksenkenden und beruhigenden Medizin verwendet.

Fam. Cannaceen - Blumenrohrgewächse

Lebensraum: Alle Mitglieder dieser Familie stammen aus dem tropischen Amerika. Sie lieben feuchte, humusreiche Waldböden. Man findet sie an Ufern von Gewässern und Sümpfen, bevorzugt an sonnigen Standorten. Sie leben häufig in tieferen Regionen.

Beschreibung: Cannaceen sind ausdauernde Kräuter, die eine Höhe von 50 cm-4 m erreichen können. Aus dem dünnen oder knolligen Rhizom wachsen scheidenförmige Niederblätter und größere Laubblätter. Blattstiel und Spreite sind nie scharf abgegrenzt. Im Wachstumsprozeß bildet sich ein Scheinstamm, durch den ein blühreifer Seitensproß hindurchwächst. Der traubige Blütenstand, der aus wickeligen Teilinfloreszenzen besteht, erscheint über den Blättern. Die asymmetrische Blüte ist zwittrig. Der dreifächrige Fruchtknoten ist unterständig. Auf ihm sitzten drei etwas ungleiche Kelchblätter.Von den drei unscheinbar gefärbten Kronblättern bleibt eines stets kleiner. Das einzige halbfruchtbare Staubblatt ist kronblattartig entwickelt. Von den 1-4 unfruchtbaren Staubblättern ist eines gebogen und wird als Labellum bezeichnet.

Vermehrung: Die Früchte sind vielsamige Kapseln von der Größe einer Walnuß mit einer typischen, warzigen Oberflächenstruktur, die kugelige Samen enthalten.

Besonderheiten: (lat. canna = Rohr, Schilf) Die Cannaceen gehören zusammen mit den Musaceen (Bananengewächse) und den Zingiberaceen (Ingwergewächse) zur Pflanzenordnung der Scitaminales (lat. scitulus = fein, hübsch).

Canna coccinea

Fam. Cannaceae - Blumenrohrgewächse

Lebensraum: C. coccinea ist im ganzen tropischen Amerika verbreitet (siehe Cannaceen).
Beschreibung: Sie ist krautig und wird 1-2 m hoch. Ihre schraubig gestellten, hellgrünen Blätter sind elliptisch-lanzettlich und am Ende zugespitzt. Sie werden bis zu 40 cm lang. Die Blüten sind in endständigen Blütenständen angeordnet. Die fleischfarbigen Kelchblätter sind viel kürzer als die Blüten. Die roten Kronblätter haben eine linear-lanzettliche Form. Eines der Staubblätter ist sehr verkürzt und schmäler als die anderen. Das Labellum (siehe Cannaceen) ist orange und stark gebogen.
Vermehrung: Wie bei Zwitterblüten häufig, kann sich C. coccinea selbst bestäuben. Der dreifächrige Fruchtknoten ist bereits früh mit saftigen Auswüchsen bedeckt. An seinen Scheidewänden befinden sich Drüsen, die reichlich Nektar abscheiden. Die Kapsel öffnet sich bei der Reife nur an der oberen Hälfte und setzt so die kugeligen Samen frei. Im übrigen vermehren sich alle Cannas auch über den Wurzelsproß.
Besonderheiten: (lat. coccineus = scharlachrot) Für den Gartenbau sind nur Hybride verschiedener Arten, wie C. indica, C. glauca und C. coccinea, von Bedeutung. Mitte des vorigen Jahrhunderts setzte eine intensive Züchtung ein, die ihren Ursprung in Frankreich hatte. Von A. Mühle aus Ungarn gibt es eine Liste mit über 1100 Sortennamen, die bereits 1906 bekannt waren. C. edulis und einige andere Arten werden wegen des Stärkegehalts ihrer Rhizomknollen angebaut und wie Kartoffeln gegessen.

Fam. Ericaceae - Heidekrautgewächse

Lebensraum: Von den vielen Erika-Arten, die es weltweit gibt, sind zahlreiche in Lateinamerika beheimatet. Sie leben vor allem in niederschlagsreichen subtropischen Zonen, bzw. in tropischen Gebirgen. Ihr Verbreitungsgebiet erstreckt sich in Höhenlagen zwischen ca. 800 und 2500 m. Sie bevorzugen Standorte mit saurer Bodenreaktion.
Beschreibung: Erikas sind häufig Zwergsträucher. Sie gehören zu den Mykorrhiza-Pflanzen, deren Wurzeln regelmäßig durch Pilzhyphen befallen werden. Dies hat jedoch keine Bedeutung für die Entwicklung der Pflanze. Sie haben immergrüne, ledrige Blätter. Erikoide Blätter werden auch Rollblätter genannt, sie sind meist klein und linear mit einer rinnenförmigen Vertiefung. Die Blütenkronen sind verwachsen und beinhalten zwei Staubblattkreise. Die Pollen treten jeweils in Vierergruppen auf.
Vermehrung: Die Erika-Arten sind an spezifische Bestäuber, meist Insekten, angepaßt. Die Blütenkrone bleibt nach dem Abblühen bis zur Fruchtreife auf der Pflanze. Die Frucht ist eine Beere.
Besonderheiten: (lat. erica = Heidekraut) Andere charakteristische Vertreter aus der Familie der Ericaceen sind der Rhododendron und die Azalee (Alpenrose, bevorzugt verbreitet in Asien und Nordamerika). Manche Arten finden in der Naturheilkunde Anwendung.

Victoria amazonica

Fam. Nymphaceae - Seerosengewächse

Lebensraum: Zu den eindrucksvollsten Pflanzenformen dieser Familie gehört die Gattung Victoria mit zwei Arten. Die eine Art, V. amazonica ist im wesentlichen im Einzugsgebiet des Amazonas verbreitet, während die andere, V. cruziana weiter südlich, in Paraguay vorkommt. Sie wachsen in stehenden und langsam fließenden Gewässern.

Beschreibung: V. amazonica bringt riesige Schwimmblätter hervor, deren Durchmesser bis zu 4 m erreichen kann. Ihr Rand ist in einer Breite von 6-10 cm nach oben umgeschlagen. So wird eine Benetzung der Oberfläche und damit eine Beeinträchtigung der Atmung verhindert. Die Blattnerven, die 2-5 cm breit und bis zu 6 cm hoch werden können, sind lufthaltig und halten das Blatt über Wasser. Die 4 Kelchblätter sind wie die Laubblätter an der Außenseite bestachelt. Die 25-35 cm großen, zartrosa Blüten entfalten sich am Nachmittag und schließen sich am Morgen.

Vermehrung: Die Bestäubung der angenehm duftenden Blüten erfolgt durch Bienen oder Käfer. Danach verfärbt sich die Blüte in ein kräftiges rosa und verblüht rasch. Dann sinkt sie unter die Wasseroberfläche, wo die Samen reifen und auf den Grund fallen.

Besonderheiten: (lat. victoria = Sieg, Siegesgöttin) Die wissenschaftliche Entdeckung von V. amazonica erfolgte durch den Botaniker T. Haenke (1801). Die in den relativ großen Früchten enthaltenen Samen werden wegen ihres guten Geschmacks von den Indianern wie Mais gegessen.

Eichhornia crassipes - Wasserhyazinthe

Fam. Pontederiaceae - Wasserhyazinthengewächse

Lebensraum: Die Arten der Gattung Eichhornia kommen ursprünglich aus den Tropen und Subtropen Südamerikas. Besonders die Art E. crassipes ist jedoch in fast alle Erdteile, außer Europa, verschleppt worden. Sie liebt warme Sümpfe und Gewässer und kann bis in Höhenlagen von 2000 m N.N. angetroffen werden,

Beschreibung: Die Schwimmpflanze ist mit einem Wurzelsproß und seinen Seitenwurzeln im Boden verankert. Die Blätter sind rosettenartig angeordnet. Die Blattstiele sind nach dem Grund zu blasenförmig verdickt und dienen als Schwimmorgane. Der scheinährige Blütenstand hat violette bis hellblaue Blüten. Diese setzen sich aus sechs einander ähnlichen Blütenblättern zusammen, von denen das mittlere durch einen gelben Fleck auffällt.

Vermehrung: Die Pflanze vermehrt sich leicht mittels Ausläufern. Aus dem oberständigen Fruchtknoten entwickeln sich vielsamige Kapseln. Die Früchte aller Pontederiaceen enthalten mehliges Nährgewebe und einen warzenförmigen Keimling.

Besonderheiten: (lat. crassus = dick, pes = Fuß). Der Artenname läßt sich mit dem dicken Stiel erklären. Johann Albert Friedrich Eichhorn war von 1840-1848 preußischer Kultusminister. Wasserpest wird die Pflanze auch genannt, da sie durch ihre rasche vegetative Vermehrung Kanäle verstopft und Teiche für Fischzucht unbrauchbar macht. Es wird versucht aus der Pflanze durch Vergärung Biogas zu gewinnen.

Pyrostegia venusta - Feuerranke

Fam. Bignoniaceae - Trompetenbaumgewächse

Lebensraum: Die Heimat der Pflanze ist Brasilien, inzwischen ist sie jedoch wegen ihrer Blütenpracht als Zierpflanze über das ganze tropische Südamerika verbreitet und überwuchert oft Hecken und Mauern.

Beschreibung: Die Feuerranke ist ein Strauch, der mit Hilfe von fadenförmigen, dreigeteilten Ranken, klettern kann. Sie erreicht so eine Höhe von 1-5 m. Die elliptischen Blätter bestehen meist aus drei einzelnen Fiederblättchen, die oberseits glänzend, unterseits rostig behaart sind. Sie sind etwa 10 cm lang. Die leuchtend orangeroten Blüten sind in hängenden, dichten Endrispen angeordnet. Die 4-5 Blütenblätter bilden eine keulenförmige, 6-7 cm lange Röhre. Die Zipfel der Kronblätter sind bei der geöffneten Blüte nach außen gerollt. Staubblätter und Stempel ragen aus der Blütenröhre heraus.

Vermehrung: Nach der Blütezeit im Winter und Frühjahr entwickeln sich linealförmige, lange Balgfrüchte. Diese geben nach dem Öffnen die mit einem Flügel versehenen Samen frei, die durch den Wind verbreitet werden.

Besonderheiten: (gr. pyros· = Feuer; stegéin = Dach) Der Name deutet auf die Wuchsform und die Farbe hin. Die Gattung ist innerhalb von Südamerika mit fünf Arten verbreitet. Im englischsprachigen Raum wird sie auch als „Orange Trumpet Vine" bezeichnet.

Cleome spinosa - Spinnenpflanze

Fam. Capparaceae - Kaperngewächse

Lebensraum: C. spinosa ist in Südost-Brasilien und Argentinien beheimatet. Die Gattung besiedelt vorwiegend amerikanische und afrikanische Steppengebiete. Man findet sie häufig in trockenen Flußtälern in Höhenlagen bis zu 1500 m N.N.
Beschreibung: Die einzelnen Arten der Gattung Cleome haben eine sehr variable Erscheinungsform. C. spinosa ist ein einjähriges, halbstrauchiges Kraut, das bis zu 120 cm hoch wachsen kann. Die Blätter sind wechselständig gefiedert mit 5-7 Blättchen. Aus ihren weichen Drüsenhaaren kommt eine klebrige Flüssigkeit. Am Blattstielgrund befinden sich Nebenblattdornen. Die endständigen Blütendolden sind meist rosa, selten auch weiß. Auf die lang herausragenden Staubblätter geht der deutsche Artenname zurück. Die Blüten duften stark.
Vermehrung: Die Früchte sind schotenförmige, vielsamige Kapseln, die bei Reife klappenartig aufspringen und so die Samen freigeben.
Besonderheiten: (gr. kléein = rühmen, preisen). C. hassleriana wird häufig als Synonym verwendet. Die Gattung hat ca. 200 Arten. Verschiedene Arten werden in Europa im Sommer als Freiland - Zierpflanzen verwendet. Sie sind eng verwandt mit dem Kapernstrauch (Capparis spinosa), der im Mittelmeerraum verbreitet ist und dessen Blütenknospen als sauereingelegtes Gewürz geschätzt sind.

Fam. Begoniaceae - Schiefblattgewächse

Lebensraum: Viele Arten sind in den südamerikanischen Tropen heimisch. Man findet sie häufig in feuchten Bergwäldern in Lichtungen und an Straßenböschungen. Aber es gibt auch Arten, die an trockenere Standorte angepaßt sind (siehe Beschreibung).
Beschreibung: Man kann die Begoniaceen aufgrund ihrer unterschiedlichen Wuchsformen in drei Gruppen einteilen: Blatt-, Blüten- und Strauchbegonien. Die beiden Ersteren wachsen krautig. Blattbegonien (B. rex mit vielen Hybriden) weisen besonders dekorative Blätter auf, während Blütenbegonien den Blick des Betrachters eher auf die attraktiven Blüten ziehen (z.B. B. semperflorens aus Brasilien). Die dritte Gruppe wächst strauchartig mit verholzten Trieben. Zum Überdauern von ungünstigen Jahreszeiten besitzen manche Arten Knollen zur Wasserspeicherung. Die Blätter können ungeteilt, gelappt oder gefingert sein. Der Blattgrund ist asymmetrisch (deutscher Name!). Auf einer Pflanze wachsen weibliche und männliche Blüten. Die weiblichen erkennt man an dem Fruchtknoten, der häufig flügelartige Gebilde aufweist.
Vermehrung: Die winzigen Samen der Begonien entwickeln sich sehr zahlreich. Dies sind ideale Voraussetzungen zur Windverbreitung. Begonien vermehren sich auch durch Seitenknospenbildung im Bereich des Blattes oder des Sprosses.
Besonderheiten: Aufgrund der ungewöhnlichen Mannigfaltigkeit werden Arten dieser Familie häufig kultiviert. Der bittere Wurzelstock verschiedener Arten dient zur Behandlung von Blutergüssen sowie als harn- und schweißtreibendes Mittel.

Fam. Marantaceae - Pfeilwurzgewächse

Lebensraum: Arten dieser Familie bevorzugen Standorte in feucht-warmen Wäldern. Diese bieten ihnen sowohl den nötigen Windschutz als auch Schatten. Man begegnet ihnen im allgemeinen im Freien nicht über 1300 m N.N.
Beschreibung: Es handelt sich um ausdauernde Kräuter. Die auffälligsten Arten gehören den Gattungen Marantea, Stromanthe, Calathea und Ctenanthe an. Auffallend sind vor allem ihre gemusterten Blätter. Rötliche Linien und verschiedenste Flecken in allen Schattierungen, oft in starkem Kontrast zur Untergrundsfarbe sind häufig. Sie sind zweizeilig gestellt und in Scheide, Stiel und Spreite gegliedert. Im Gegensatz zu anderen Einkeimblättlern sind sie fiedernervig. Zwischen Stiel und Spreite befindet sich eine charakteristische, gelenkartige Anschwellung (siehe Besonderheiten). Die Blütenstände treten meist paarweise in der Achsel von Tragblättern auf. Die Blüten sind zwittrig und asymmetrisch. Der unterständige Fruchtknoten ist drei- oder einfächrig mit je einer Samenanlage pro Fach.
Vermehrung: Außer durch Wurzelteilung vermehren sich Marantaceen mit Samen, die häufig ein mehliges Nährgewebe besitzen.
Besonderheiten: Da die Pflanzen nachts ihre Blätter an den Gelenkpolstern hochklappen, was den Anschein betender Hände erweckt, nennt man sie im Englischen „Prayer Plant“. Viele davon sind beliebte Zierpflanzen, wie Ctenanthe setosa oder Calathea veitchiana. Die Wurzelstöcke der in Westindien kultivierten Pfeilwurz (Maranta arundinacea) liefern die „Marantastärke“.

Lupinus mutabilis - Veränderliche Lupine

Fam. Leguminosae - Hülsenfrüchtler

Lebensraum: Die Veränderliche Lupine ist in den Anden Südamerikas beheimatet, von Kolumbien bis Bolivien. Man findet sie vor allem in größeren Höhen bis hinauf zu 4000 m N.N.

Beschreibung: Die krautige Pflanze wird bis etwa 50 cm hoch und wächst buschig. Ihre Blätter sind gefiedert mit meistens mehr als fünf Einzelblättern. Die Farbe der Fiederblättchen ist grünblau, sie sind an den Rändern behaart. Der Blütenstand wächst kerzenartig über die grünen Pflanzenteile hinaus und besteht aus bis zu 20 blauvioletten Einzelblüten, die ca. 2 cm groß sind.

Vermehrung: Die Bestäubung erfolgt durch Insekten. Es entstehen die für die Familie typischen Hülsenfrüchte.

Besonderheiten: Die Lupinen sind in etwa 200 sehr formenreichen Arten von Kanada bis Bolivien beheimatet (einige wenige stammen aus dem Mittelmeerraum), haben aber wegen ihrer Blütenpracht als Zierpflanze die ganze Erde erobert. Vor allem die relativ groß wachsende L. polyphyllus wird häufig in Gärten gepflanzt. Im Andenraum wurden sie schon zur Zeit der Inkas kultiviert und als Futter- und Nahrungspflanze angebaut. Die Samen sind, nach längerer Wässerung zum Auswaschen der Alkaloide, genießbar. Auch als Gründünger wurde L.mutabilis schon früh genutzt, da sie als Leguminose mit ihren Wurzelknöllchen den Stickstoff der Luft zu binden vermag, eine gerade für die kargen Hochlandböden sehr nützliche Eigenschaft.

Gattung Tradescantia - Dreimasterblume

Fam. Commelinaceae - Commelinengewächse

Lebensraum: Die natürliche Verbreitung erstreckt sich über das ganze (sub-) tropische Amerika. Häufig begegnet man ihnen an schattigen Abhängen bis in Höhen von 1500 m N.N.

Beschreibung: Es handelt sich um Kräuter, die seltener aufrecht wachsen, wie die staudenförmige T. virginiana, häufiger aber hängend oder kriechend als Bodenbedecker, wie T. fluminensis. Diese meist als Ampelpflanzen verwendete Art findet man inzwischen in vielen Zuchtformen, häufig mit grünen oder grün-weiß gestreiften Blättern. T. zebrina hat rötliche Stengel und rot-silbergrau gestreifte Blätter mit violetter Unterseite. Die wechselständigen , ca 3-5 cm langen Blätter sind oberseits dicht behaart, unterseits glatt. Am Grund sind sie scheidig verwachsen und umhüllen dadurch die Knoten der Sproßachse. Die meist nur wenige Millimeter großen, dreizähligen Blüten sind häufig weiß, manchmal auch rosa, lila oder blau gefärbt. Ihre perlschnurartigen Staubfadenhaare bestehen aus langen Zellketten.

Vermehrung: Die zwittrigen Blüten werden durch Insekten bestäubt. Es entwickeln sich kapselartige Schließfrüchte. Schon kurze Sproßabschnitte der Tradeskantien entwickeln im Wasser leicht Wurzeln.

Besonderheiten: Etwa 30-50 Arten von Tradeskantien sind bekannt, viele davon werden kultiviert und sind in Europa beliebte Zimmerpflanzen. Alle Tradescantien enthalten Kalziumoxalat und Kieselsäure in den Blättern. Die in Brasilien häufige Art T. diuretica, dient dort als harntreibendes Mittel und zur Behandlung von Hämorrhoiden.

Asclepias curassavica - Seidenpflanze

Fam. Asclepiadaceae - Seidenpflanzengewächse

Lebensraum: Obwohl in den südamerikanischen Tropen beheimatet, wurde die Pflanze inzwischen wegen ihrer auffälligen Erscheinung in die angrenzenden Länder Amerikas als Zierstrauch verbreitet.

Beschreibung: A. curassavica ist eine bis zu 1 m hohe krautige Dauerpflanze mit großen, lederartigen, elliptischen und gegenständigen Blättern, die bei Verletzung Latex abscheiden. Eine Verzweigung des Sprosses ist selten. Die Blüten, die sich zu dichten, achselständigen Dolden vereinen, sind mittelgroß, braungrün oder fleischrot und duftend. Die Kronblätter sind gebogen. Die Narbe ist mit den Staubblättern verwachsen.

Vermehrung: Kleine Fliegen übernehmen die Bestäubung der Blüten. Es entstehen als Früchte schmale, kegelförmige Kapseln, die bei der Reife gelb werden. Sie enthalten viele Samen, die von einer Hülle aus weißen Haaren umgeben sind. Diese dienen den Samen als Flugorgane.

Besonderheiten: Der lateinische Name erinnert an den griechischen Gott der Ärzte Asclepios und die Karibikinsel Curacao. Der deutsche Name wurde wegen der auffallenden Samenhaare gewählt. Diese können nicht versponnen werden, weil sie zu spröde sind. Die Pflanze enthält ein giftiges Glucosid. Die Gattung ist mit rund 100 Arten in Amerika vertreten.

Lantana camara - Wandelröschen

Fam. Verbenaceae - Eisenkrautgewächse

Lebensraum: Das Wandelröschen ist in den nördlichen Ländern des tropischen Südamerikas bis hinauf nach Texas und Süd-Carolina heimisch, aber in allen tropischen und subtropischen Ländern verbreitet.
Beschreibung: Als Wildpflanze wird L. camara bis zu 3 m hoch, als Kulturpflanze wächst sie zu einem etwa 1 m hohen buschigen Strauch heran. Die Zweige sind vierkantig und häufig mit Dornen besetzt. Die kleinen, dunkelgrünen Blätter sind gegenständig und länglich-herzförmig. Oberseitig machen sie einen runzeligen Eindruck, unterseits sind sie weich behaart. Die kleinen, in der Farbe zwischen orange und violett variierenden Blüten stehen in flachen Köpfchen auffallend über dem Laub.

Vermehrung: Das Wandelröschen blüht den ganzen Sommer über und wird von vielen verschiedenen Tierarten bestäubt. Es entwickeln sich blaue Steinfrüchte, kugelrund und nur einige Millimeter im Durchmesser. Sie werden gerne von Vögeln verzehrt, die dadurch zur Verbreitung beitragen.
Besonderheiten: Der deutsche Name Wandelröschen deutet auf eine Besonderheit hin, die bei einer Reihe von Verbenaceen auftritt und deren Bedeutung als Zierpflanze begründet. Die Blüten machen im Laufe der Entwicklung einen dreimaligen Farbwechsel durch. In Europa wurde L. camara schon im 17. Jahrhundert eingeführt und war in Prunkgärten geschätzt. Häute kultiviert man sie meist in Kübeln als Kronenbäumchen.

Amarantus caudatus - Gartenfuchsschwanz

Fam. Amarantaceae - Amarantgewächse

Lebensraum: A. caudatus stammt aus den Andenstaaten und ist zwischen Mittelamerika und Nordwest-Argentinien verbreitet. Die Pflanze erträgt Trockenheit und Hitze und paßt sich leicht neuen Standorten an. Man findet sie häufig in Gebirgsgegenden zwischen 1500 und 3200 m N.N. Am besten gedeiht sie in lockerem Boden.

Beschreibung: Der schnellwüchsige, einjährige Strauch wird bis zu 2,5 m hoch. Vom Hauptstiel zweigen Ästchen und oft dunkelkarminrote, breite Blätter ab. Die spektakulären, hängenden Blütenstände, die bis zu 1 m lang werden können, erscheinen in den Farben violett, rot und goldgelb. Die strahligen, zwittrigen Einzelblüten sind unscheinbar. Die buntgefärbten Blütenhüllblätter sind trockenhäutig und spelzenartig.

Vermehrung: Der Gartenfuchsschwanz ist selbstbestäubend. Pro Fruchtknoten gibt es nur eine Samenanlage, die Samen sind kaum größer als Mohn. Jedoch entwickeln sich an einer Pflanze oft mehr als 100 000 schwarze, rote oder weiße Samen.

Besonderheiten: (lat. amarantus = Tausendschön, Samtblume; cauda = Schwanz) Durch Gräberfunde ist die Kultur von A. caudatus schon für die vorkolumbianische Zeit belegt. Zur Zeit der spanischen Eroberung spielte sie ebenfalls eine große Rolle, was aus den überlieferten Tributlisten hervorgeht. Die gemahlenen Samen werden zu Brei-und Teigwaren verarbeitet, wie Puffmais geröstet oder zu Getränken verarbeitet. Sie sind stärke-, öl- und eiweißreich.

Manihot esculenta - Maniok, Kassava

Fam. Euphorbiaceae - Wolfsmilchgewächse

Lebensraum: M. esculenta ist in der Neuen Welt heimisch, doch ist das genaue Ursprungsgebiet unklar. Vermutlich stammt die Pflanze aus dem Amazonasbecken und ist heute in Brasilien, Venezuela und ganz Mittelamerika natürlich verbreitet. Sie bevorzugt Standorte mit viel Licht, Wärme und gut durchlüfteten Böden.
Beschreibung: Maniok ist eine mehrjährige, krautige Pflanze. Ihre Sprosse sind 2-3 cm stark, können bis zu 3 m hoch werden und verholzen. In der Erde hat sie langgestreckte, spindelförmige Wurzelknollen, die bis zu 50 cm lang und 10 cm dick werden können. Die weißen, roten oder braunen Knollen enthalten in ihrem Markbereich ca. 40% Stärke. Der Strauch besitzt langestielte, gefingerte Blätter. Die abgefallenen Blätter hinterlassen charakteristische Narben am Sproß. Die Blüten sind einhäusig, die männlichen haben ein oder mehrere Staubblätter, der Fruchtknoten der weiblichen Blüte ist zwei- bis dreiblättrig.
Vermehrung: Im allgemeinen wird Maniok durch Knollen oder Stecklinge vermehrt.
Besonderheiten: Die Kulturformen, die vermutlich durch Kreuzungen entstanden sind, werden seit ca. 4000 Jahren kultiviert. Heute sind sie Grundnahrungsmittel auch in Afrika und Asien. Sie können kontinuierlich geerntet werden. Der Milchsaft, der in allen Teilen der Pflanze vorkommt, enthält glykosidisch gebundene Blausäure, die durch Wässern, Erhitzen oder Trocknen zerstört wird. Durch Ausschlämmen gewinnt man Stärke, die als „Tapioka" in den Handel kommt

Jatropha podagrica - Rhabarber von Guatemala

Fam. Euphorbiaceae - Wolfsmilchgewächse

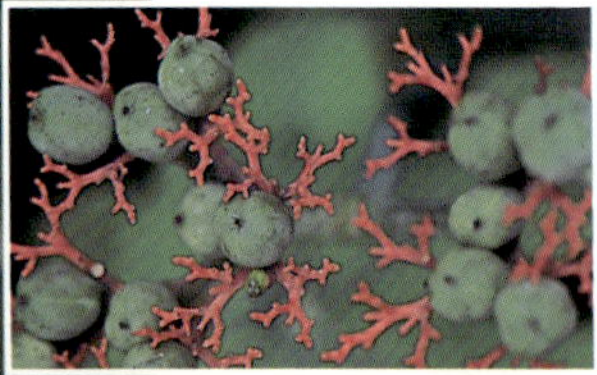

Lebensraum: J. podagrica ist in Guatemala und auf den westindischen Inseln beheimatet, kommt jedoch in den gesamten Tropen vor.

Beschreibung: J. podagrica ist ein bis zu 60cm hoher Strauch mit einem knollig verdickten Stamm. Die ausdauernde Pflanze ist, wie alle Euphorbiaceen, milchsaftführend. Die Blätter sind drei- bis fünffach gelappt, ca. 20cm groß und schildförmig. Sie fallen in der Trockenzeit ab. Die männlichen und weiblichen Blüten stehen bei Jatropha in speziellen Blütenständen (Zyathien) zusammen, die in ihrer Erscheinungsform Zwitterblüten vortäuschen. Jedes Zyathium bringt in seiner Mitte eine einzige weibliche Blüte hervor, um die herum sich eine unterschiedliche Zahl von männlichen Blüten anordnet. Die weibliche Blüte fällt durch die gabelig geteilte Narbe des dreiteiligen Fruchtknotens auf. Die männlichen Blüten haben einen 5-teiligen Kelch und leuchtend orangerote Kronblätter. Sie haben 10 Staubgefäße, die zweikreisig angeordnet sind.

Vermehrung: Nach der Befruchtung entwickeln sich Kapseln, die die Samen enthalten.

Besonderheiten: Der deutsche Name der Pflanze gründet sich auf die Ähnlichkeit der Blätter mit unserem Rhabarber. Die Gattung umfaßt ca. 150 Arten. In ihrer Heimat wird die Pflanze als Unkraut betrachtet, doch wird sie inzwischen weltweit als Zierpflanze geschätzt.

Ipomoea batatas - Süßkartoffel

Fam. Convolvulaceae - Windengewächse

Lebensraum: A. v. Humboldt hielt Amerika für die ursprüngliche Heimat dieser Pflanze. Die Süßkartoffel ist heute weltweit in den Tropen und Subtropen verbreitet. Sie stellt geringe Bodenansprüche, hat aber einen hohen Wärmebedarf.

Beschreibung: Die Sprosse der einjährigen Pflanze wachsen windend. Ihre Wurzelknollen bilden sich im mittleren Bereich sproßbürtiger Wurzeln, die von den Sproßknoten ausgehen. Die Knollen wachsen bis in eine Tiefe von ca. 20 cm und sind spindelförmig. Sie sind gelblich bis rötlich und können bis zu 3 kg schwer werden. Die Blätter sind lang gestielt und tief gelappt. Sie entspringen aus den Sprossen, die häufig am Boden liegen. Die ansehnlichen Blüten sind trichterförmig, haben eine weiße bis rote Farbe und wachsen aus den Blattachseln.

Vermehrung: In Kultur wird die Süßkartoffel durch Auspflanzen bewurzelter Sprosse ausschließlich vegetativ vermehrt.

Besonderheiten: Die Süßkartoffel ist eine alte Kulturpflanze, die in verschiedenen Teilen der Welt ein wichtiges Grundnahrungsmittel darstellt. Sie kommt häufig getrocknet in den Handel und wird in gekochtem oder geröstetem Zustand verzehrt. Die Knolle dient auch als Gemüse und als Viehfutter. Sie kann zu Mehl, Stärke, Syrup und Alkohol weiterverarbeitet werden.

Nicotiana tabacum - Tabakpflanze

Fam. Solanaceae - Nachtschattengewächse

Lebensraum: Die Tabakpflanze ist eine Kulturpflanze der Neuen Welt. Sie stammt aus den Andentälern. Die Hauptanbauzentren liegen in warmen Gebieten, obwohl die Art N. rustica unter verschiedensten Klimabedingungen gedeiht. Tabak stellt geringe Ansprüche an den Boden. Die Bodenbeschaffenheit beeinflußt aber bestimmte Geschmackseigenschaften.

Beschreibung: Es handelt sich um 1-3 m hohe, einjährige Kräuter mit einem flach ausgedehnten Wurzelsystem. N. tabacum ist einstämmig und hat lanzettliche, drüsig behaarte Blätter, die wechselständig angeordnet sind. Der Blütenstand, an der Spitze des Sprosses, besteht aus rosa bis roten, fünfzähligen Blüten. N. rustica kann mehrstämmig sein, hat rundlichere Blätter und grünliche Blüten.

Vermehrung: Die Bestäubung erfolgt durch Insekten. Aus dem zweifächrigen Fruchtknoten entwickeln sich Kapseln mit zahlreichen kleinen Samen.

Besonderheiten: Der Gattungsname führt auf den Erstbeschreiber der Pflanze, Jean Nicot, zurück. Von den 60 Arten, einige davon sind asiatisch und australisch, sind die zwei oben genannten die wirtschaflich wichtigsten Kulturarten. Tabak wurde bereits zu präkolumbianischer Zeit von den Indianern angebaut. Im Mittelalter wurde er über Europa in alle Erdteile verbreitet. Die Tabakblätter enthalten giftige Alkaloide wie Nikotin und Nornikotin. Nach dem Trocknen werden die Blätter fermentiert. Dabei wird Stärke in Zucker umgewandelt. Dies beeinflußt u. a. das Aroma des Tabaks.

Arachis hypogaea - Erdnuß

Fam. Leguminosae - Hülsenfrüchtler

Lebensraum: Die Erdnuß ist eine Kulturpflanze der Tropen und Subtropen und stammt wahrscheinlich aus Südamerika. Sie kommt in einem Gürtel zwischen Peru, Bolivien, Paraguay, Nordargentinien, Südbrasilien und Urugay natürlich vor, wird heute allerdings weltweit angebaut.

Beschreibung: Die Erdnuß ist ein einjähriger, bis zu 30 cm hoher Busch. Der Sproß ist liegend oder aufrecht, je nach Sorte. Die Besonderheit der paarig gefiederten Blätter liegt in ihrer Fähigkeit, Schlafbewegungen (Turgormechanismus) auszuführen. Dabei handelt es sich um eigenständige, kreisende Bewegungen, die die Fiedern und Blätter mittels ihrer basalen Posterzellen ausüben können. Die goldgelbe Schmetterlingsblüte ist 5-7 cm lang und blüht nur wenige Stunden. Nach der Befruchtung streckt sich ein unterhalb des Fruchtknoten liegender Teil der Blütenachse, das Gynophor, bis zu 15 cm lang aus, krümmt sich zum Boden hin und schiebt die sich entwickelnde Frucht 4-7 cm tief in die Erde.

Vermehrung: Nach der Selbstbestäubung und der Befruchtung reifen unterhalb der Erdoberfläche die Samen heran. Meist 2 Samen (Erdnüsse) befinden sich in einer fasrigen Schale, die im Reifungsprozess nicht aufspringt.

Besonderheiten: In Südamerika ist der Anbau der Erdnuß schon sehr alt. Er reicht in die präinkaische Zeit zurück. Man kennt ca. 15 verschiedene Arten, wobei die Wildform unbekannt ist. Der Same enthält Reservesubstanzen, ca. 50% Öl, sowie Eiweiße, Zucker und Stärke. Wichtigste Verwendung ist die Herstellung von Erdnußöl, das aus den Samen gepresst wird.

Hotelanlagen werden oft auch mit nicht heimischen Pflanzen geschmückt.

Häufig vorkommende, in Lateinamerika nicht heimische Pflanzen

Eucalyptus globulus - Eukalyptus (Australien)

Yucca elefantipes - *Elefantenfüßige Yucca* (Nordamerika)

Ficus elastica - Gummibaum (Asien)

Ravenala madagascariensis - Baum der Reisenden (Madagaskar)

Artocarpus altilis - Brotfruchtbaum (Asien)

Musa paradisiaca - Fruchtbanane (Asien)

Mangifera indica - Mangobaum (Indien)

Acazia floribunda - Akazie (Afrika)

Citrus grandis - Pampelmuse (Asien)

Averrhoa carambola - Karambole (Asien)

Coffea arabica - Kaffeestrauch (Kleinasien)

Rhizinus communis - Rhizinus (Afrika)

Spartium junceum - Ginster (Spanien)

Hibiscus rosa sinensis - Hibiskus (Asien)

Luffa cylindrica - Schwammgurke (Asien)

Cordyline fruticosa - Keulenlilie (Asien)

Echeverria spec. - Echeverrie (Nordamerika)

Kniphofia undulata - Fackellilie (Afrika)

Carpobrotus acinaciformis - (Südafrika)

Sonntagsmarkt in La Paz/Bolivien

In Europa ist man mittlerweile den Anblick der exotischsten Füchte in feinen Läden und auf Märkten gewöhnt-und das zu fast jeder Jahreszeit. Man vergißt allzu leicht, daß sie oft einen weiten Weg hinter sich haben. Viele dieser Genüsse stammen aus Lateinamerika. Eine Auswahl davon wird im folgenden vorgestellt, wobei diese keineswegs vollständig sein kann, noch zwischen Obst und Gemüse unterscheidet, da dies nur schwer möglich ist. Sie ist auch nicht auf einheimische Ware begrenzt, sondern spiegelt das Marktangebot wider. Nicht alle Sorten sind für Europäer besonders schmackhaft, viele sind mindestens gewöhnungsbedürftig. Der Reisende sollte einfach ausprobieren-jedoch unbedingt auf Hygiene achten und waschen, möglichst schälen.

Obst und Gemüse auf Lateinamerikas Märkten

Orange - Citrus sinensis

Fam. Rutaceae - Rautengewächse

Fruchtbeschreibung: C. sinensis kommt in einer Vielzahl von Kultursorten vor, jedoch findet man auf den lateinamerikanischen Märkten hauptsächlich die kubanische Sorte, bei der die Schale so fest mit dem Fruchtfleisch verwachsen ist, daß sie sich nur schwer schälen läßt. Sie enthält im Gegensatz zu den in Europa erhältlichen Sorten noch Samen und wird hauptsächlich zu Säften gepreßt. Nabel- oder Blutorangen sind nicht erhältlich.

Allgemeines: Die vermutlich aus China stammende Apfelsine ist wohl die am meisten verbreitete Citrusfrucht überhaupt. Neben vielen Zuckern enthalten die Zuchtformen einige aromatische Säuren in großen Mengen, die den besonderen Geschmack erzeugen. Die meisten Orangen mit Samen gelten als ungenießbar, obwohl ihr Äußeres meistens besonders verlockend erscheint.

Pampelmuse - Citrus grandis

Fam. Rutaceae - Rautengewächse

Fruchtbeschreibung: Die Pampelmuse ist die größte Citrusfrucht überhaupt. Sie erreicht einen Durchmesser von bis zu 20 cm. Das Fruchtfleisch ist entweder weißlich oder rötlich gefärbt und von einer weißen, ledrigen und ungenießbaren Schicht umgeben. Sie wird vor dem Essen entweder entfernt, oder es werden aus der halbierten Frucht mit dem kleinen Löffel nur die saftigen Fruchtteile herausgeschält. Pampelmusen sind nicht so bitter, wie die in Europa erhältlichen Grapefruits.

Allgemeines: C. grandis wird in Europa oft mit der dort erhältlichen Grapefruit, Citrus paradisi, verwechselt, die jedoch kleiner ist. Sie enthält reichlich ätherische Öle, die appetitanregend wirken und zusammen mit dem Vitamin C-Gehalt den Nahrungswert ausmachen. Industriell werden diese Öle ebenfalls genutzt, wie auch die von anderen Citrus-Arten. Sie werden durch Auspressen und Zentrifugieren gewonnen und stellen für die Parfümherstellung einen wichtigen Grundstoff dar.

Saure Limette - Citrus aurantifolia

Fam. Rutaceae - Rautengewächse

Fruchtbeschreibung: Die Saure Limette ist eine kleine, im Durchmesser etwa 3-4 cm große Frucht, die ein grünes Fruchtfleisch hat, das 10-15 Kerne enthält. Die Scheidewände und die Schale sind sehr dünn.

Allgemeines: C. aurantifolia wird vorzugsweise in den feuchten Tropen angebaut, jedoch nur selten exportiert, da sie nur kurze Zeit haltbar ist. Sie wird ausgepreßt und ergibt mit Zucker und Wasser gemischt ein erfrischendes Getränk. Auch kommerziell wird sie so verarbeitet. Ebenso wie bei der Zitrone, Citrus limon, ist der Geschmack wesentlich durch die enthaltene Zitronensäure bestimmt. Die ätherischen Öle der geriebenen Schale unbehandelter Früchte geben verschiedenen Speisen Geschmack.

Ananas - Ananas sativus

Fam. Bromeliaceae - Ananasgewächse

Fruchtbeschreibung: Die Ananas ist eine Beerensammelfrucht. Die Früchte entstehen ohne Befruchtung und dementsprechend entwickeln sie auch keine Samen. Das Fruchtfleisch enthält viel Säure und Vitamine und entwickelt einen intensiven Duft. Das leicht verholzte Zentrum besteht hauptsächlich aus Leitgefäßen und ist ebenfalls genießbar.

Allgemeines: In den Ländern Lateinamerikas werden große Mengen frisch verzehrt und zu Fruchtsaft verarbeitet. Durch Auskochen der Schale enthält man ein schmackhaftes Getränk. Für den Export werden meistens Stücke oder Ringe in Konserven verpackt. Inzwischen versucht man allerdings, ein Vertriebssystem für Frischananas aufzubauen, so daß mit der Zeit die Konserven in den Hintergrund gedrängt werden dürften.

Banane - Musa paradisiaca

Fam. Musaceae - Bananengewächse

Fruchtbeschreibung: Jedermann kennt Bananen, trotzdem ist ihre Vielfalt in den Tropen wesentlich größer, als auf europäischen Märkten. Es gibt Sorten, die nur daumengroß sind (sie sind meistens die schmackhaftesten), andere haben rote Schalen und schmecken nach Apfel („Apfelbananen"). Besonders groß werden Gemüsebananen, die man nicht roh, sondern nur gekocht verzehrt.

Allgemeines: Die bis zu 10 m hohe Staude stammt aus Asien. Ein Großteil der in Europa erhältlichen Bananen wird jedoch aus Amerika, vor allem aus Costa Rica und Brasilien, angeliefert. Bei den Wildarten erfolgt die Bestäubung durch Fledermäuse, Zuchtsorten entwickeln die Früchte ohne Befruchtung. Die Frucht enthält sehr viele Kohlenhydrate und stellt daher in manchen Regionen ein Grundnahrungsmittel dar. Die Krümmung der Banane entsteht durch das Wachstum zum Licht hin.

Papaya - Carica papaya

Fam. Caricaceae - Melonenbaumgewächse

Fruchtbeschreibung: Die Früchte sind häufig etwa 1 kg schwer, grün-gelb und oval. Sie können aber auch bis zu 50 cm lang und entsprechend mehrere Kilogramm schwer werden. Die Beere enthält in einem Hohlraum viele schleimige schwarze Samen. Das Fruchtfleisch ist gelb oder rot, wäßrig bis butterartig in der Konsistenz. Der Geschmack variiert stark, je nach der Sorte.

Allgemeines: Man schneidet die geschälte Frucht in Achtel und ißt sie roh, normalerweise ohne Kerne. Häufig sticht man das Fruchtfleisch mit der Gabel an , zuckert es und beträufelt es mit Limonensaft. Die Samen können aber auch mitgegessen werden und helfen bei Verdauungsproblemen, indem sie die Darmaktivität anregen.

Granadilla - Passiflora ligularis

Fam. Passifloraceae -Passionsblumengewächse

Fruchtbeschreibung: Die eiförmigen Granadillas erreichen eine Länge von 8 cm. Ihre Schale ist gelb-orange und pergamentartig fest. Sie ist innen weich und weiß ausgekleidet und enthält ein schleimiges Fruchtfleisch mit vielen Samen, das einen süßen, aromatischen Geschmack hat.

Allgemeines: Granadillas schneidet man quer in zwei Hälften und löffelt das Fruchtfleisch heraus. Es wird mit den Kernen gegessen. Die Frucht wird auch industriell zur Herstellung von Getränken benutzt. Auf den Märkten erscheint sie meistens im Juli/August. Die Pflanze ist kletternd und erreicht beträchtliche Höhen.

Tumbo - Passiflora mollissima

Fam. Passifloraceae - Passionsblumengewächse

Fruchtbeschreibung: Die langgestreckte, ovale Frucht ist zur Reife blaßgelb. Die Farbe des Fruchtfleisches, das viele Samen enthält, ist eigenartig orange, so daß man in den lateinamerikanischen Ländern von „tumbo-farben" spricht. Der Geschmack ist süßsauer und sehr aromatisch.

Allgemeines: Manchmal werden die Tumbos roh gegessen, meistens jedoch benutzt man sie zur Herstellung von Säften, die entweder direkt getrunken werden, oder aber für Cocktails oder Sorbets verwendet werden. Tumbosäfte werden auch von Getränkeherstellern angeboten. In Kolumbien mischt man den Saft zusammen mit Stärkemehl und Milch zu einer Vorspeise.

Pepino dulce - Solanum muricatum

Fam. Solanaceae - Nachtschattengewächse

Fruchtbeschreibung: Die Frucht ähnelt in ihrem Aussehen und Geschmack stark einer Honigmelone. Sie ist nahezu kugelförmig bei einem Durchmesser von etwa 10 cm und meist gelb mit dunklen Streifen. Sie variiert jedoch in den verschiedenen Ländern in ihrem Aussehen. Das gelbe Fruchtfleisch ist wäßrig und von süßem, leichtem Aroma.

Allgemeines: Zumeist wird die Pepino dulce der Länge nach in Viertel geschnitten und das Fruchtfleisch ohne Schale roh gegessen. Es paßt ausgezeichnet zu rohem Schinken. S. muricatum wurde schon vor langer Zeit im Andenraum kultiviert, wie Keramikfunde aus präkolumbianischer Zeit bestätigen. Heute geht der Anbau zunehmend zurück.

Chirimoya - Annona cherimolia

Fam. Annonaceae - Annonengewächse

Fruchtbeschreibung: Die Chirimoya ist eine herzförmige Sammelfrucht, deren Größe zwischen der einer Walnuß und einer Melone schwankt. Sie hat eine dunkelgrüne, geschuppte, genetzte und ledrige Schale und enthält in ihrem Inneren weißes Fruchtfleisch mit vielen schwarzen Samen. Der Geschmack ist aromatisch und süß und die Konsistenz erinnert an Birnen.

Allgemeines: Die Frucht wird vom Baum genommen, sobald man beim Schütteln die Samen sich bewegen hört. Sie ist ausgesprochen empfindlich und leicht verderblich. Man schneidet sie der Länge nach auf und löffelt das Fruchtfleisch heraus, ohne die Samen mitzuessen. Auch als Cremes oder Speiseeis wird sie gegessen. Gelegentlich bezeichnet man die Chirimoya wegen ihres feinen Geschmacks als die Königin der Früchte des tropischen Amerikas.

Tuna - Opuntia ficus indica

Fam. Cactaceae - Kakteengewächse

Fruchtbeschreibung: Die ovalen, etwa eigroßen Beeren wachsen an den Rändern der „Blätter" von Opuntien. Sie sind meist mit Stachelpolstern versehen, die vor dem Verkauf abgeschabt werden. Das Fruchtfleisch ist je nach Sorte gelb, grün oder violett gefärbt und enthält viele Samen, die mitgegessen werden.

Allgemeines: Man ißt das Fruchtfleisch frisch. Es ist nicht sehr nahrhaft und enthält relativ wenige Vitamine. Der Geschmack ist entsprechend dem Gehalt von 83% Wasser nur schwach. Manchmal werden die Beeren auch gekocht als Brei gegessen, in mehreren Regionen getrocknet als Viehfutter verwendet.

Mango - Mangifera indica

Fam. Anacardiaceae - Sumachgewächse

Fruchtbeschreibung: Größe und Farbe dieser Steinfrucht können sehr stark variieren. Meist sind die Früchte ca. 10 cm lang und gelb oder rot. Die dünne Haut ist ledrig und umschließt ein goldgelbes, aromatisches, sehr faseriges Fruchtfleisch. Der einzelne Same im Inneren ist flach und nur schwer vom Fruchtfleisch zu trennen.

Allgemeines: Der Mangobaum stammt aus Südostasien. Insgesamt gibt es rund 300 verschiedene Mangoarten, von denen M. indica für die Ernährung die größte Bedeutung hat, da ihre Frucht außergewöhnlich schmackhaft ist. Sie enthält viel Vitamin A und C. Man ißt sie roh, was wegen des triefenden Fruchtsaftes nicht ohne Umstände abläuft, oder als Saft, Sorbet und Eis. Manche Sorten werden auch Grün mit Salz gegessen.

Avocado - Persea americana

Fam. Lauraceae - Lorbeergewächse

Fruchtbeschreibung: Die meistens birnenförmigen, bis zu 20 cm langen Früchte variieren im Aussehen. Die meisten sind grün mit glatter Außenhaut, aber es gibt auch schwarze, mit runzliger Haut. Unter der dünnen Schale liegt ein butterweiches, hellgrünes oder gelbes Fruchtfleisch, das einen großen Samen umschließt. Es schmeckt leicht nußartig.

Allgemeines: In Lateinamerika bezeichnet man die Frucht als „Palta". Sie enthält viel Öl und wird roh gegessen, als Vorspeise, im Salat oder in Cremeform als Nachspeise. Häufig wird sie mit Limettensaft, Zwiebeln und Zucker zubereitet. Industriell wird das wegen seines Gehalts an essentiellen Fettsäuren wertvolle Avocadoöl daraus gewonnen. Dieses wurde schon vor mehr als 2000 Jahren als Arzneimittel und Kosmetiköl verwendet. Aus dem Samen läßt sich leicht eine Pflanze ziehen, indem man ihn mit drei Zahnstochern angespießt auf ein gefülltes Wasserglas legt..

Baumtomate - Cyphomandra betacea

Fam. Solanaceae - Nachtschattengewächse

Fruchtbeschreibung: Die Früchte erwecken auf den ersten Blick den Anschein von Tomaten, sind jedoch länglicher, etwa 5 bis 7 cm lang. Die glatte, rote Schale ist ungenießbar. Das Fruchtfleisch ist etwas bitter und süßsauer.

Allgemeines: Zwar kann man Baumtomaten auch als Salat roh essen, meistens werden sie jedoch in gekochtem Zustand verzehrt, als Gemüse oder eingelegt. Sie werden oft auch zu Marmelade verarbeitet. Auch ein Getränk wird gelegentlich daraus bereitet.

Mais - Zea mays

Fam. Gramineae - Gräser

Fruchtbeschreibung: Jedermann kennt die Maispflanze und den Maiskolben. Die lateinamerikanischen Sorten haben normalerweise fast weiße Körner, während die in Europa käuflichen eher gelbe Körner tragen.

Allgemeines: Der Mais ist wegen seines hohen Gehalts an Kohlenhydraten eines der Welt-Grundnahrungsmittel. Er stammt vermutlich aus Mexiko und wurde schon von den Azteken, Mayas und Inkas kultiviert. Kolumbus brachte ihn nach Europa. Während er in Europa vorwiegend verfüttert wird, verzehrt man die wohlschmeckenden Sorten der Neuen Welt in gekochter Form. Vor allem in den Andenländern gehört ein Maiskolben beinahe zu jeder Mahlzeit. Daneben spielt das Maismehl eine wichtige Rolle, vor allem in Mexiko, wo es zur Herstellung der „Tortillas" verwendet wird. In den südamerikanischen Ländern verarbeitet man es zu „Humintas", einer Maismehl-Käse-Mischung, die eingehüllt in Maisblätter serviert wird.

Kürbis - Cucurbita maxima

Fam. Cucurbitaceae - Kürbisgewächse

Fruchtbeschreibung: Nicht selten erreichen Exemplare dieser Kürbisart ein Gewicht von 20 kg und einen Durchmesser von 50 cm. Die Schale ist grün und gekerbt, das Fruchtfleisch leuchtend gelb mit einer zentralen Höhle.

Allgemeines: C. maxima stammt aus Lateinamerika, vermutlich aus dem südlichen Andenraum. Man findet Samen in antiken Gräbern und der Kürbis war häufiges Motiv von Keramiken. Auf die Märkte kommt der Kürbis unter dem Namen „Zapallo". Er wird wegen seiner Größe in abgewogenen Stücken verkauft und meist zu einer typischen Suppe verarbeitet, gelegentlich auch mit Käse vermischt zu einem vegetarischen Gericht.

Aji - Capsicum spec.

Fam. Solanaceae - Nachtschattengewächse

Fruchtbeschreibung: Die Früchte sind länglich, ähneln dem Paprika, aber viel schlanker, etwa 1-2 cm dick und bis zu 15 cm lang. Es gibt sie in verschiedenen Farben, grün, gelb oder rot.
Auf den Märkten sieht man sie roh, meistens aber getrocknet und in riesigen Mengen. Ihr Geschmack kann manchmal mild sein, ist aber fast immer außerordentlich scharf.

Allgemeines: Aji wird normalerweise nicht allein gegessen, sondern dient als Gewürz für viele Speisen. Der Europäer probiere zuerst ganz kleine Mengen, da die extreme Schärfe schon manchem den Atem genommen hat! In vielen Ländern Lateinamerikas wird eine aus Aji bereitete Soße vor dem Essen zusammen mit Brot gereicht. Die Inhaltsstoffe sollen verdauungsfördernd wirken. Auch damit ist Vorsicht geboten.

Kartoffel - Solanum spec.

Fam. Solanaceae - Nachtschattengewächse

Knollenbeschreibung: Kartoffeln kommen in Lateinamerika in unzähligen Variationen vor, in ihrer typischen Form sind sie jedoch immer erkenntlich. Sie variieren vor allem in der Größe, aber auch der Farbe. Gerade in Südamerika überwiegen die rötlichen und violetten Sorten.

Allgemeines: Kartoffeln sind weltweit ein Grundnahrungsmittel. Sie stammen aus dem nördlichen Andenraum Südamerikas, wo es Zeugnisse frühen Anbaus gibt. Die Kartoffel ist eine unterirdisch wachsende Sproßknolle mit einem äußerst hohen Gehalt an Kohlenhydraten, der ihren Nährwert ausmacht. Für viele Menschen Lateinamerikas stellen Kartoffeln die Hauptenergiequelle dar. Sie fehlen als Kochkartoffeln in beinahe keiner Mahlzeit. Fast immer sind es mehlige Sorten, andere werden nur selten angebaut.

Trockenkartoffel - Solanum spec.

Fam. Solanaceae - Nachtschattengewächse

Knollenbeschreibung: Auf den Märkten sind sie wegen ihrer rein weißen Farbe leicht erkenntlich. Sie sind wesentlich kleiner als Frischkartoffeln, haben jedoch noch dieselbe Form.

Allgemeines: Getrocknete Kartoffeln, die „Tuntas", sind eine Spezialität des Hochlandes der Anden. Die großen Unterschiede zwischen Tag- und Nachttemperatur, sowie die Trockenheit werden zur Herstellung ausgenutzt. Nachts gefrieren die Kartoffeln wegen der großen Kälte. Legt man sie dann tagsüber in die Sonne, so verdunstet das gefrorene Wasser direkt: Ein Verfahren, das die moderne Industrie als „Gefriertrocknung" bezeichnet. Es macht die Kartoffeln über lange Zeit haltbar und gibt ihnen einen eigenartigen Geschmack, der die Geister scheidet. Jedenfalls bleibt der Nährstoffreichtum erhalten.

Yuca - Manihot esculenta

Fam. Euphorbiaceae - Wolfsmilchgewächs

Wurzelbeschreibung:
Die beim Verkauf oft noch erdigen, festen Wurzeln sind dunkelbraun, spindelförmig, 3-8 cm dick und bis zu 40 cm lang. Ihr Inneres ist reinweiß und von faseriger Konsistenz.

Allgemeines: Oft wird Yuca auch als Maniok bezeichnet. Die Wurzel ist einer der wichtigsten Stärkelieferanten der Neuen Welt. Ein Maniokfeld produziert zehnmal soviel Stärke, wie ein gleichgroßes Maisfeld. Vor allem Kleinanbauer nutzen dies. Rohe Yuca enthält Giftstoffe, die beim Erhitzen zerstört werden. Man frittiert sie in Stücken oder bereitet einen Brei, oft auch vermischt mit Käse. Aus Zuchtsorten gewinnt man Mehl und Stärke, Abfälle werden als Viehfutter verwertet.

Ajipa - Pachyrrhizus ahipa

Fam. Leguminosae - Hülsenfruchtgewächse

Wurzelbeschreibung: In Ausnahmefällen erreicht die Wurzel Längen bis zu 30 cm, meistens wird sie ca. 10 cm lang und 5-8 cm dick. Die braune Rinde ist dünn, das Innere ist weiß, stark faserig, enthält einen milchigen Saft und verfärbt sich nach dem Anschneiden bei Luftkontakt violett.

Allgemeines: Man ißt die Wurzel ausschließlich im rohen Zustand. Sie hat einen süßlichen, den meisten Menschen wenig angenehmen Geschmack, der noch durch die faserige Konsistenz beeinträchtigt wird. Die Einheimischen glauben, daß Ajipa, morgens auf nüchternen Magen gegessen, gegen die Gicht wirkt. Auch auf die Entwicklung von Kindern soll die Wurzel einen förderlichen Einfluß haben.

Urwaldriese im Rodungsgebiet Acre, Brasilien.

DIE BEDEUTUNG DER VEGETATION SÜDAMERIKAS

Ökologischer Wert und Umweltprobleme

Der weltweite Raubbau an den natürlichen Ressourcen macht auch vor der Vegetation Südamerikas nicht halt. Die enorme Steigerung der Bevölkerungszahl (im größten Land des Kontinents, Brasilien, verdoppelt sich die Bevölkerung bei einem jährlichen Wachstum von 2% innerhalb von 35 Jahren), führt zu einer ständigen Ausweitung der besiedelten Gebiete und damit notwendigerweise zu einem Rückgang der natürlich bewachsenen Flächen. Der Abbau von Bodenschätzen und Holz dezimiert die Waldregionen zusätzlich. Dabei sind gerade die Grünflächen Südamerikas die bedeutendsten Vegetationsräume der Erde.

Zweifellos ist in dieser Hinsicht der tropische Regenwald Südamerikas die wichtigste Region. Er ist auf der Erde der größte zusammenhängende Wald dieser Art. Bei einer jährlichen, weltweiten Verringerung der Urwaldfläche um ein Gebiet, das der Größe Baden-Württembergs und Bayerns zusammen entspricht, müßten die allergrößten Anstrengungen zum Erhalt dieses Ökosystems unternommen werden.

Bezogen auf die Flächeneinheit ist der tropische Regenwald der bedeutendste Stoffproduzent der Erde. Er stellt die produktivste Vegetationszone dar und wandelt damit mit dem besten Wirkungsgrad die Sonnenenergie in Speicherstoffe um. Auch wenn man die bewachsene Fläche zugrunde legt, nimmt der tropische Regenwald noch immer die erste Stelle unter den Landflächen ein. Auf dem Festland wird fast ein Drittel der organisch erzeugten Masse von den nur 10% Prozent an Fläche einnehmenden Regenwäldern aufgebaut. Nur die Ozeane produzieren mehr Biomasse.

Verteilung der tropischen Regenwälder der Erde

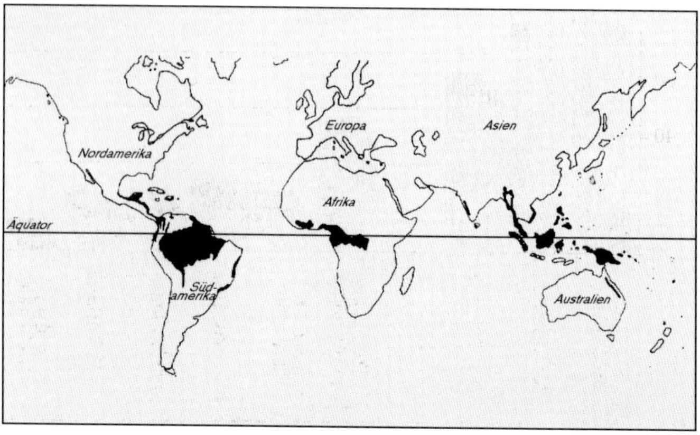

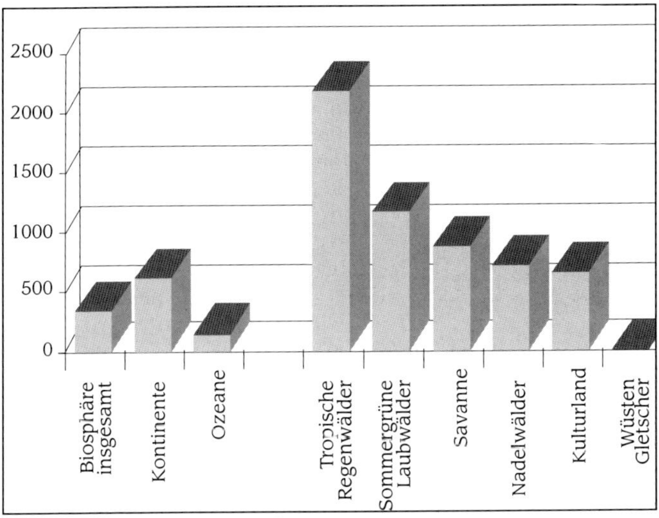

Bioproduktion verschiedener Ökosysteme in Gramm pro Quadratmeter und Jahr

Biomassenproduktion pro Jahr in Milliarden Tonnen

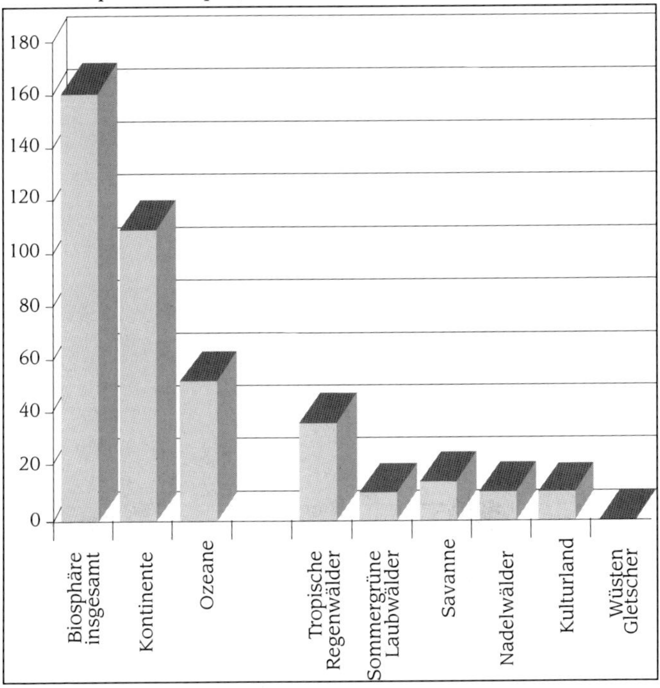

Auf einem einzigen Quadratkilometer des Amazonaswaldes finden sich so viele Pflanzenarten, wie im gesamten Deutschland, allein bis zu 60 verschiedene Baumarten. Auf jedem der Bäume wiederum wurden bis zu 80 andere Pflanzenarten und 1700 Insektenarten gezählt, viele davon kennt man noch nicht. Nach Schätzungen kommen etwa die Hälfte aller Tier und Pflanzenarten im tropischen Regenwald vor, sehr viele davon im südamerikanischen. Ein Viertel von allen Arten, das sind immerhin ca.1,2 Millionen, wird innerhalb der letzten 25 Jahre dieses Jahrhunderts ausgerottet worden sein. Damit geht eine große Vielfalt der Lebewesen verloren, die ob ihrer genetischen Reserven einmal von großer Bedeutung werden könnte.

Im Kreislauf der Stoffe spielt der Regenwald Südamerikas eine große Rolle, und zwar weltweit. Wo die Zahl der Menschen ständig wächst, steigt die Menge des produzierten Kohlenstoffdioxids umso mehr. Nicht nur die Atmung, jeder Verbrennungsprozeß - ob in der Zigarette, dem Ofen, dem Auto oder der Fabrik - produziert dieses Gas und verbraucht gleichzeitig Sauerstoff. Der tropische Regenwald erfüllt dabei die Aufgabe einer „grünen Lunge". Er verbraucht das Kohlenstoffdioxid in riesigen Mengen bei der Photosynthese und liefert gleichzeitig den Sauerstoff, den die Tiere veratmen. Um mit der steigenden Last fertig zu werden, müßten demnach die Grünflächen eigentlich zunehmen, insbesondere die Urwälder, deren Photosyntheseleistung am höchsten ist.

Ein Urwaldbaum setzt nicht nur Sauerstoff frei, der ausreicht, um tagaus tagein drei Menschen damit zu versorgen. Als Folge der hohen Produktionsleistung fallen pro Jahr und Hektar ca 25 Tonnen Laub und Äste ab, die wegen der klimatischen Verhältnisse wesentlich schneller als etwa in Europa wieder umgesetzt wer –

Stoffkreislauf zwischen grünen Pflanzen und Tieren

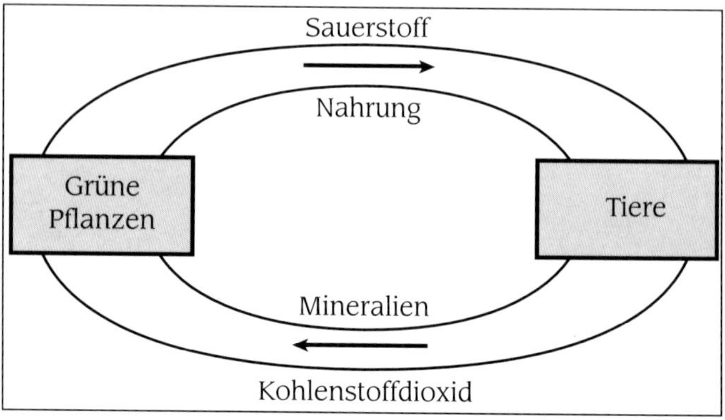

Brandrodungsgebiet an der BR 364 in Rondonia im Westen Brasiliens

den. Dies ist der Grund, weshalb die Humusschicht im Regenwald so dünn ist. Ein Teil der zersetzten Stoffe erreicht nicht den Boden, sondern wird schon in höheren Schichten von Pflanzen wieder aufgenommen (z.B. von Epiphyten). Der Rest gelangt sofort in die Wurzeln in der dünnen Humusschicht am Boden. Die Folgen bei der vorherrschenden Brandrodung sind verheerend: Die Brandasche liefert Nährstoffe für etwa drei Jahre. Danach lohnt landwirtschaftlicher Anbau sich nicht mehr, zumal die Erosion durch heftige Regenfälle ein übriges tut und die dünne Bodenkrume auslaugt bzw. wegschwemmt. Dem Landnutzer bleibt nichts anderes, als weiterzuziehen und neuerlich zu roden. Der Wald aber ist damit unwiederbringlich zerstört denn große Rodungsflächen wachsen nicht mehr zu.

Trotz dieses Wissens geht die Brandrodung weiter. Das derzeit bekannteste Beispiel ist die Region Rondonia im Westen Brasiliens, an der bolivianischen Grenze. Noch vor 20 Jahren war hier eine geschlossene Urwalddecke. Mit dem Bau einer Teerstraße (die BR 364, finanziert großteils von der Weltbank, wurde 1984 fertiggestellt), begann die stürmische Entwicklung. In den letzten zehn Jahren hat die Bevölkerung sich dort verdoppelt. Eine Fahrt entlang dieser Straße ist langweilig geworden, die Landschaft ist von der Rodung gekennzeichnet, von Urwald keine Spur. Ein Flug über die Region zeigt, vor allem nachts, kilometerbreite Feuerfronten mit den entsprechenden Rauchwolken. Bis jetzt ist schon ca. die Hälfte der Regenwaldfläche abgebrannt. Man schätzt, daß es in weiteren zwanzig Jahren in Rondonia keinen Urwald mehr gibt.

Brennender Regenwald

Erosionsschäden im Bereich der Yungas von Bolivien, entstanden nach Brandrodung.

Nicht zuletzt ist der Regenwald auch Lebensraum für die Urbevölkerung. Indianerstämme in Südvenezuela, Ostecuador und Westbrasilien, etwa die Yanomamis und die Uruen-Wau-Wau, stehen kurz vor der Ausrottung. Sie sind die besten Kenner des Ökosystems Regenwald. Ihr Wissen wird mit ihnen verschwinden.

Die Zerstörung der zusammenhängenden Urwaldgebiete wird den Wasserhaushalt der Region nachhaltig beeinträchtigen. Die klimatischen Veränderungen sind bereits weltweit spürbar und werden sich noch verstärken. Beim Abbrennen und bei den Zersetzungsprozessen wird ungefähr halb so viel Kohlenstoffdioxid freigesetzt, wie durch die Verbrennung von fossilen Brennstoffen entsteht. Dieses Gas aber ist der Auslöser für den sogenannten Treibhauseffekt, der zu einer Erwärmung der Erde führen wird.

„Schwimmendes Hotel" im bolivianischen Tiefland.

Noch vor wenigen Jahren waren die Abholzungen des Regenwaldes politisch gewünscht und gefördert. Warum sollte Entwicklungsländern verwehrt werden, was in Europa längst geschehen ist. Inzwischen setzt sich auch im südamerikanischen Raum die Erkenntnis durch, daß die Vegetation, insbesondere im Amazonasgebiet, geschützt werden muß. Die Erfolge sind gleichwohl noch gering.

Veränderungen bei Wald- und Nutzflächen

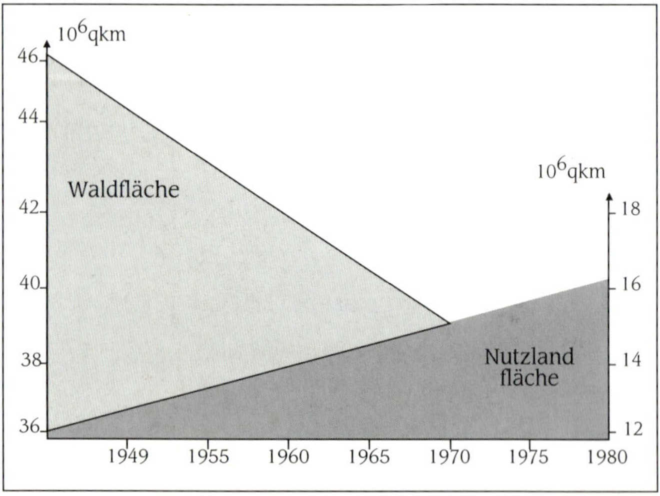

Eines der wesentlichen Probleme, vor allem auch im Bereich der Anden, ist die Bodenerosion. Langanhaltende Trockenheit, gefolgt von heftigen Regenepochen, schwemmen das Erdreich weg. Im Hochland von Peru und Bolivien sind Erosionskanäle einer der bleibenden Eindrücke, die ein Besucher bekommt. Hier können Pflanzen eine wichtige Rolle spielen, da sie mit ihrem Wurzelwerk den Boden festhalten. Leider gibt es bis jetzt nur wenige Aufforstungsprojekte. An manchen Orten wurde der Eukalyptus erfolgreich angepflanzt, obwohl er ökologisch nicht unproblematisch ist.

Die Pflanzenwelt Südamerikas ist in vieler Hinsicht einzigartig. Sie enthält eine Reihe von Pflanzen, die charakteristisch sind für den Kontinent, als Beispiel können die Bromelien dienen. Viele von ihnen sind sehr genau an die ganz verschiedenen Lebensbedingungen des Subkontinents angepaßt und bieten der Forschung noch ein weites Feld. Die Bedeutung ökologischer Nutzung dieser Ressourcen wird in Südamerika noch häufig unterschätzt, bzw. von den gravierenden sozialen, wirtschaftlichen und politischen Problemen überdeckt. Aus diesem Grund kann nicht damit gerechnet werden, daß die Lösung der ökologischen Probleme aus eigener Kraft der Region erfolgen kann.

Im Regenwald in Jamaica

Ökonomische Bedeutung

Die natürlichen Ressourcen sind das Kapital Südamerikas. Neben den Bodenschätzen, die vor allem in Brasilien und Bolivien bedeutend sind, zählen dazu die Flora und die Fauna. Letztere wiederum ist natürlich abhängig von der Flora, so daß die Vegetation eine zentrale Rolle einnimmt.

Basis der Ernährung ist nicht nur in Südamerika die Vegetation, jedoch ist der pflanzliche Anteil an der Nahrung höher als etwa in Europa. Die Grundlage bieten je nach Region die Kartoffel (Andenländer), Sojabohnen, Reis und Zucker. Sie werden in den tropischen Ländern in riesigen Mengen produziert, wenngleich in den meisten Gebieten der Anbau extensiv ist. Beispielhaft sind die erzeugten Mengen in Brasilien. Gleichwohl befindet sich die Landwirtschaft, verglichen mit modernen Anbaumethoden, noch in den Kinderschuhen. Dies liegt nicht zuletzt an Produktionsmodellen, die in den gemäßigten Breiten entwickelt und in die Tropen übertragen wurden, mit denen man dort jedoch schlechte Erfahrungen gemacht hat. Vor Ort hat man bis jetzt keine dem Standort angepaßten Anbaumethoden entwickelt. Immerhin erinnert man sich gerade in letzter Zeit wieder zunehmend der naturnahen an die Situation des Kontinents angepaßten Verfahren der Ureinwohner.

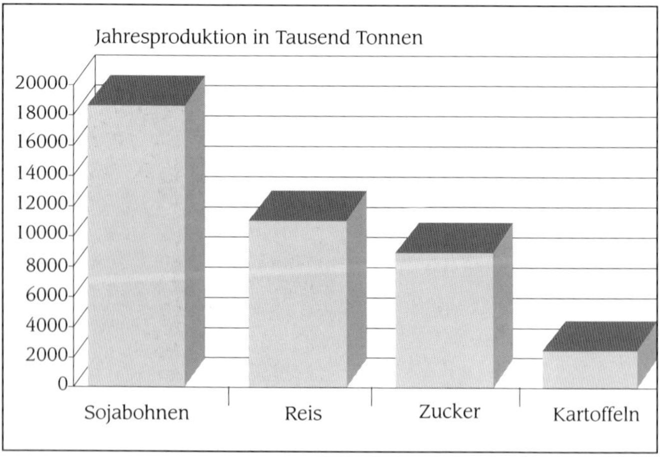

Produktion wichtiger Lebensmittel in Brasilien

Studien der indianischen Lebens- und Anbauweisen, wie sie noch in geringem Umfang vorhanden sind, zeigen, daß die Indianer durchaus auch für den tropischen Regenwald verkraftbare Nutzungsformen kannten. Sie haben sich bis heute nicht durchsetzten können. Die moderne Tropenforschung anerkennt heute, daß für diese Breiten eine Mischung aus Land- und Forstwirtschaft eine sinnvolle Nutzungsform sein kann.

Die Länder Lateinamerikas exportieren in riesigen Mengen Früchte und Gemüse. In den Märkten und Läden Europas ist man den Anblick exotischer Früchte, zu jeder Jahreszeit und im Überfluß, schon zu gewöhnt, um sich noch über deren Herkunft Gedanken zu machen. Ein großer Anteil stammt aus Südamerika, einige werden fast nur dort angebaut. Das typische Beispiel hierfür ist die Ananas, für die derzeit ein Verteilungssystem aufgebaut wird, so daß die Produktionsmengen der Bananen erreicht werden sollen. Eine Reihe von bisher unbekannten Früchten warten noch auf ihre weltweite Vermarktung. Für den armen Subkontinent handelt es sich um Einnahmequellen ersten Ranges.

In den nördlichen Ländern Südamerikas gewinnt zunehmend der Anbau von Blütenpflanzen als Schnittblumen Bedeutung, vor allem in Kolumbien. Sie sind wesentlicher Exportartikel nach Nordamerika.

Nicht unerheblichen Anteil am Exporterlös mancher Länder hat die Ausfuhr tropischer Hölzer. Allein das in dieser Hinsicht relativ kleine Bolivien hat im Jahr 1980 ca. 95 000 Kubikmeter ausgeführt, davon den größten Teil nach Argentinien und in die USA. Wesentlich größere Mengen exportierte Brasilien. Auch in die Bundesrepublik werden Hölzer wie Mahagoni, Balsa oder Teak eingeführt und verarbeitet. Bis heute ist es nicht gelungen, zu einem tragbaren Kompromiß aus Waldverlust und ökonomischem Gewinn zu kommen. In den Ländern selbst werden die Tropenbäume weit vielseitiger genützt, als nur zur Holzgewinnung wie die Abbildung zeigt.

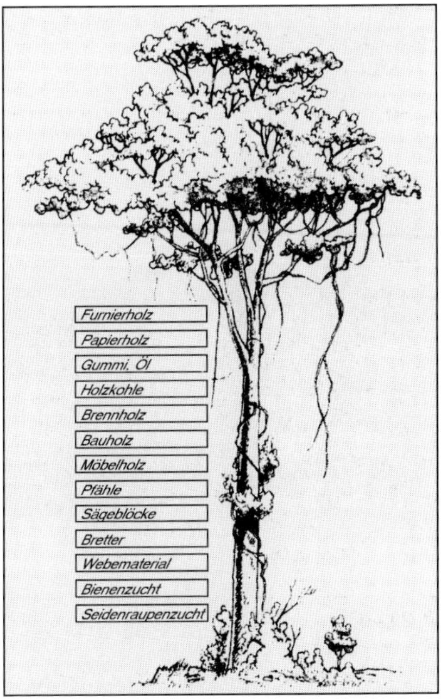

Ein weiterer Aspekt hierzu sind Gewinnung und Verarbeitung von pflanzlichen Genußmitteln. Hierher zählen vor allem Kaffee und Tabak, aber auch das Coca. Letzteres ist zwar mit großer Dunkelziffer behaftet, seinen Beitrag zum Einkommen eines Teils der südamerikanischen Bevölkerung und zur Aufstockung mancher Staatshaushalte sollte man indes nicht unterschätzen.

*Die Wasserfälle von Iguaçu
am Dreiländereck Argentinien,Brasilien, Paraquay,
sind einer der Rekorde Südamerikas*

BOTANIKER UND NATURFORSCHER IN LATEINAMERIKA

?Qué lugar por más recóndito, qué clima por más rigido, ardiente e insano y fragoso qué haya sido, no se han hecho para mi, teatro de mis investigaciones botanicos?

Ein Ort mag noch so geheimnisvoll, das Klima noch so unangenehm, heiß und ungesund und der Weg noch so uneben und unwegsam gewesen sein, war er nicht dennoch für mich die Bühne meiner botanischen Forschungen?

Thaddäus X. P. Haenke

T. Haenke (1761 - 1816)

Dieser Ausspruch von **Thaddäus X. P. Haenke** (1761-1816) spiegelt in kurzen Worten die Einstellung dieses frühen deutschen Botanikers wieder, der sich 1789 in spanischen Diensten nach Südamerika einschiffte. Außer den Seeleuten befanden sich noch andere Naturwissenschaftler sowie einige Maler an Bord der Fregatte des Kapitäns A. **Malaspina.** Die Expedition dauerte sechs Jahre (Reiseroute siehe Karte). Danach ließ er sich in Oropese (heute Cochabamba/Bolivien) nieder und verbrachte seinen letzten Lebensabschnitt geplagt vom Unabhängigkeitskrieg mit all seinen Wirren und Konflikten. Nach seinem frühen Tod (1816) gingen daher viele seiner Schriften verloren. Dennoch entdeckte man 7000 Manuskriptseiten Haenkes in lateinischer, deutscher und spanischer Sprache im Archiv des Botanischen Gartens Madrid, wo sie erst 1963 eingehendere Beachtung fanden.

Haenke wird als Vorläufer seines berühmten Landsmannes **Alexander von Humboldt** (1769-1859) angesehen, der allerdings unter etwas günstigeren Umständen reisen und nach Europa zurückkehren konnte. Humboldt wird als Begründer der beschreibenden deutschen Erdforschung schlechthin bezeichnet. Fünf Jahre (1799-1804) verbrachte er in Südamerika, wo er die Natur beobachtete, Material sammelte, ordnete, verwahrte und alles auf das Genaueste notierte. Die Ergebnisse hat er in fast 30jähriger Arbeit ausgewertet. Seine drei Expeditionen (siehe Karte) sind in einem gigantischen 30-bändigen Werk dokumentiert. Es erschien unter dem Titel „Reise in die Äquinoctialgegenden des neuen Kontinents" in Paris in französischer Sprache. Dabei schuf er ein Quellenwerk für Geographen, Geologen, Botaniker, Zoologen, Klimatologen, Historiker und Kulturphilosophen. A. v. Humboldt gründete seine botanische Arbeit auf die Verteilung der Vegetation in Zusammenhang mit den Höhen- und Klimastufen. Diese Einteilung ist noch heute gültig:

Urwald, heiße Zone	*tierra caliente*
Nebelwald, gemäßigte Zone	*tierra templada*
Hochland, kalte Zone	*tierra fria*
Andenregion, Frostzone	*tierra helada*
Gletscher, Eiszone	*tierra nevada*

A. von Humboldt (1769 - 1859

Begleitet war A. von Humboldt bei seinen Expeditionen von **Aimé Bonpland,** der sich anschließend in der Provinz Corrientes in Argentinien niederließ und bis 1857 weitere botanische Forschungsreisen in Argentinien, Uruguay und Brasilien durchführte. Von seinen vielen Schriften wurde nur wenig veröffentlicht.

Der französische Forscher **Alcide D. d'Orbigny** (1802-1857) bereiste 1826-1834 fast ganz Südamerika. Er ließ sich, unterstützt von den Generälen Andrés de Santa Cruz und José Ballivian, in Bolivien nieder. Diesem Land widmete er auch einen großen Teil seines wissenschaftlichen Schaffens. D'Orbigny, der des öfteren seinen botanischen Vorgänger Haenke zitiert, veröffentlichte die „Reise durch Südamerika" in französischer Sprache. Vier Jahre vor seinem Tod nahm er einen Ruf an den neugegründeten Lehrstuhl für Paläontologie im botanischen Garten von Paris an.

Etwa zur gleichen Zeit beteiligte sich der englische Naturwissenschaftler und Begründer der Abstammungslehre **Charles Darwin** (1809-1882) an der Forschungsreise des Kapitäns Fitzroy nach Südamerika und in den Stillen Ozean. Er veröffentlichte 1845 die „Reise eines Naturforschers um die Welt".

Ch. Darwin (1809 - 1882)

Otto A. Buchtien (1859-1946), ein deutscher Botaniker aus Rostock, wanderte 1895, vermutlich aus wirtschaftlichen Gründen, nach Chile aus. Seine botanischen Sammlungen (ca. 6500 Belege im Staatsherbar Hamburg) stammen aus Chile, Argentinien, Brasilien, Peru und Bolivien. In Bolivien hatte er die Stelle des Direktors des Nationalmuseums von La Paz inne. Dort veröffentlichte er auch seine einzige größere Publikation „Beiträge zur Flora Boliviana". Im Zuge der Rückwanderungsaktion deutscher

Wissenschaftler, durch die Nationalsozialisten animiert, kehrte er 1936 in seine Heimat zurück.

Im Auftrag einer argentinischen Eisenbahngesellschaft nahm **Theodor Herzog** an einer Forschungsreise (1907-1908) mit wirtschaftlichen Zielen durch den Osten Boliviens teil. Fasziniert von der Natur entschloß er sich zu einer zweiten Reise (1910- 1912) mit geographischen und botanischen Zielen. Der Professor der Botanik an der Universität München veröffentlichte seine Erkenntnisse nicht nur in verschiedenen wissenschaftlichen Fachzeitschriften, sondern auch im Rahmen eines Sonderbandes des Sammelwerks „Die Vegetation der Erde" mit dem Titel „Schilderung der Pflanzenwelt der bolivianischen Anden". Außerdem schrieb er den interressanten Reisebericht „Vom Urwald zu den Gletschern der Kordillere".

Viele weitere Botaniker des vergangenen und noch mehr dieses Jahrhunderts leisteten wertvolle Beiträge zu Regionalfloren. Inzwischen sind es natürlich nicht mehr nur Europäer, sondern auch Einheimische, die intensiv sammeln und sich wissenschaftlich-botanisch betätigen. Die „Flora Neotropica" ist ein Projekt, in dem Botaniker aus aller Welt unter der Koordinierung des Botanischen Gartens von New York zusammenarbeiten, um die Pflanzen Lateinamerikas systematisch und taxonomisch zu erfassen.

Kakteenlandschaft

ERKLÄRUNG VON FACHBEGRIFFEN

Adstringierend: Zusammenziehend. Mehrere pflanzliche Stoffe, wie Gerbsäuren, Metallsalze und Phenole wirken zusammenziehend.

Ähre: Eine Traube mit ungestielten Blüten.

Alkaloide: Gruppe von Pflanzengiften, die über 1200 verschiedene Substanzen umfaßt. Typisch ist ihre hohe Stabilität, wodurch sie oft als Endprodukte in der Pflanze angehäuft werden (z.B. Coffein, Nikotin, Chinin, Morphin).

Areolen: Kissenartige Kurztriebe, vielfach mit dichtem Haarfilz und Dornen besetzt.

Assimilation: Der Prozeß der Umwandlung körperfremder Nährstoffe in körpereigene Zellsubstanz. Der wichtigste Prozeß bei Pflanzen ist die Photosynthese.

Beerenfrucht: Eine meist mehrsamige Frucht mit fleischiger oder saftiger Fruchtwand, die nicht aufspringt, z. B. Tomate, Gurke, Stachelbeere.

Doldentraubig: Eine Traube, bei der die unteren Blütenstiele so lang sind, daß die Blüten fast in einer Ebene liegen.

Dornen: Umgebildete Seitentriebe, die verholzt sind und sich deshalb nur schwer abbrechen lassen (z.B. Berberitze), im Gegensatz zu Stacheln (z.B. Rose), die umgebildete Blätter sind.

Epiphyten: Aufsitzende Pflanzen, die sich vorwiegend in den Laubkronen der Bäume ansiedeln und so an das Sonnenlicht herangelangen. Sie sind keine Parasiten.

Eukaryoten: Die Zellen der Eukaryoten sind größer als die der Prokaryoten und besitzen einen echten Zellkern.

Fiederblätter: Die Einzelblättchen eines zusammengesetzten Blattes.

Fruchtblatt: Blattorgan der Pflanze, welches die Samenanlage erzeugt.

Fruchtknoten: Angeschwollener Basalteil des Stempels, der die Samenanlagen enthält.

Generationswechsel: Die regelmäßige Aufeinanderfolge von zwei oder mehreren Generationen innerhalb einer Art. Die Farngenerationen sind im Aussehen und in ihrer Fortpflanzungsweise unterschiedlich.

Geophyten: Erdpflanzen, besitzen unterirdische Erneuerungsknospen, wie z.B. Zwiebeln, Rhizome, Knollen.

Gerbstoffe: Gemische sehr verschiedenartig zusammengesetzter, aromatischer Verbindungen, die zum Gerben von Tierhäuten zu Leder verwendet werden.

Griffel: Verbindungsglied zwischen Narbe und Fruchtknoten.

Hochblätter: Funktionell veränderte Laubblätter in der Blütenregion, (z.B. Weihnachtsstern).

Hülsenfrucht: Frucht, die sich mit zwei Längsspalten an der Bauch- und Rückennaht öffnet, typisch für Leguminosen, wie die Bohne.

Hybride: Bastarde oder Mischlinge, Produkte der Hybridisierung.

Hybridisierung: Kreuzung, geschlechtliche Paarung erbverschiedener Lebewesen, die natürlich vorkommt und zu Zuchtzwecken künstlich durchgeführt wird.

Infloreszenz: Blütenstand, aus Einzelblüten zusammengesetzt.

Kapselfrucht: Aus mehreren verwachsenen Fruchtblättern entstehende trockenschalige Frucht, die sich auf verschiedene Weise öffnet und die Samen ausstreut.

Konnektiv: Steriles Verbindungsstück zwischen den beiden Staubbeutelhälften.

Latex: Milchsaft des Kautschukbaums.

Meristemkultur: Von bestimmten Teilen einer Pflanze wird teilungsfähiges Gewebe entnommen und in Nährlösung das Heranwachsen zu einer vollständigen Pflanze angeregt.

Milchgefäße: Engere oder weitere Röhren im Pflanzenkörper, die Milchsaft enthalten.

Milchsaft: Milchige Flüssigkeit, die eine Emulsion von Gummi, Harzen, Kautschuk, Wachsen, ätherischen Ölen und Fetten in Wasser darstellt. Bei Austritt gerinnt sie an der Luft und bietet so Schutz bei Verletzung, z. B. Tierfraß.

Monopodial: System der Verzweigung, bei dem die Hauptachse sich stets stärker entwickelt als die Seitenachsen (z.B. Tanne und Fichte). **Gegenteil:** Sympodial.

Monosymmetrisch: Körper mit nur einer Symmetrieebene.

Narbe: Das oberste, zur Aufnahme der Pollenkörner bestimmte Ende der Fruchtblätter bei den Bedecktsamern.

Nebenblätter: Blattartige Bildungen des Blattgrundes an der Ansatzstelle des Blattstieles.

Nußfrucht: Trockene Schließfrucht mit harter Schale (z. B. Haselnuß).

Oberständiger Fruchtknoten: Fruchtknoten, der oberhalb der Ansatzstelle der Blütenhülle und der Staubblätter steht.

Panaschiert: Grüne Blätter, die weiße Flecken oder Streifen aufweisen.

Parasiten: Schmarotzer, die in oder auf anderen lebenden Organismen vorkommen, und ihnen organische Stoffe entziehen.

Plazenta: Diejenige Stelle eines Fruchtblattes, an der die Samenanlage angeheftet ist.

Pollen: Männliche Keimzellen, die bei Samenpflanzen durch Wind oder Tiere auf die Narbe gelangen.

Pollensäcke: Männliche Organe in den Blüten der höheren Pflanzen, in denen die Pollenkörner gebildet werden.

Pollinien: Die zu einer Masse verklebten Pollenkörner einer Staubbeutelhälfte, die als Einheit übertragen wird.

Prokaryoten: Die Zellen der Prokaryoten (Bakterien und Blaualgen) sind kleiner als die der Eukaryoten und haben keinen echten Zellkern.

Puna: Hochlandvegetation in Südperu und Bolivien, bestimmt durch das Tageszeitenklima.

Radiärsymmetrisch: Strahlenförmig. Bezeichnung für Körper, die durch mehr als zwei Ebenen in Spiegelbilder zerlegbar sind.

Rhizom: Erdsproß, Erdstamm, meist Wurzelstock genannt (keine Wurzel).

Rispe: Eine zusammengesetzte Traube oder traubiger Blütenstand, dessen Nebenachsen ebenfalls Trauben bilden.

Samenanlage: Bei Samenpflanzen vorkommende Struktur, die sich nach der Befruchtung der in ihr befindlichen Eizelle zum Samen entwickelt.

Sammelfrucht: Fruchteinheit, die aus einzelnen Früchten zusammengesetzt ist, z. B. Erdbeere, Ananas, Apfel.

Schließfrucht: Aus einem oder mehreren Fruchtblättern gebildete Frucht, die als geschlossene, selbständige Verbreitungseinheit abfällt.

Sekundäres Dickenwachstum: Zuwachs an Leit- und Festigungsgewebe bei nacktsamigen und zweikeimblättrigen Holzgewächsen (z. B. Fichte, Buche), nachdem die Sproßachse den primären, inneren Bau abgeschlossen hat.

Sorus: Anhäufung von Sporenbehältern auf der Rückseite von Farnblättern.

Spadix: Fleischiger Blütenkolben bei Aronstabgewächsen, der im oberen Teil die männlichen, im unteren Teil die weiblichen Blütenorgane trägt.

Spatha: Blütenscheide, oft auffällig gefärbtes Hochblatt, das die kolbigen Blütenstände oder die Blüten bestimmter Einkeimblättler umgibt.

Spelzen: Trockene, kleine Blätter, die Blüten und Früchte von Gräsern umgeben.

Sporen: Meist einzelliger, selten zwei- oder mehrzelliger Keim der **Sporenpflanzen.** Bei Farnen wächst aus einer Spore die geschlechtliche Pflanze.

Sproßbürtige Ableger: Jungpflanze, die an der Sproßachse entsteht.

Steinfrucht: Saftige Frucht, deren Wand aus einer äußeren Haut, einem dicken, fleischigen Mesokarp, und einem harten holzigen Stein besteht.

Symbiose: Das Zusammenleben zweier verschiedener Arten von Organismen zum gegenseitigen Nutzen, im Gegensatz zum Parasitismus.

Sympodial: System der Verzweigung, bei dem die Seitenachsen gegenüber der Hauptachse im Wachstum gefördert sind (z. B. Himbeerstrauch). Gegenteil: Monopodial

Traube: Ein Blütenstand, bei dem die Hauptachse gestielte Blüten trägt.

Trugdolde: Traube, deren untere Blütenstiele bis auf die Höhe der oberen verlängert sind.

Turgor: Flüssigkeitsdruck in Pflanzenzellen, der durch unterschiedliche Salzkonzentrationen innerhalb und außerhalb der Zelle entsteht.

Ungesättigte Fettsäuren: Bestandteile von Fetten. Viele sind essentiell, das heißt, sie können vom menschlichen Körper nicht aufgebaut und müssen mit pflanzlicher Nahrung aufgenommen werden.

Unterständiger Fruchtknoten: Mit der Blütenachse verwachsener Fruchtknoten, der unterhalb der Ansatzstelle der Blütenhülle und Staubblätter steht.

Vegetativ: Ungeschlechtlich.

Wechselständig: Blätter, die nur in Einzahl in zerstreuter Stellung an Knoten stehen.

Windblütig: Bestäubung durch den Wind.

Zweihäusig: Männliche und weibliche Geschlechtsorgane sind auf verschiedene Pflanzen verteilt.

Zwittrig: Zweigeschlechtlich, das heißt, eine Blüte besitzt sowohl männliche, als auch weibliche Geschlechtsorgane.

LITERATURVERZEICHNIS

Bärtels, A.: Farbatlas Tropenpflanzen. Zier- und Nutzpflanzen. Verlag Eugen Ulmer, Stuttgart, 1990

Bastian, H.: Ullstein Lexikon der Pflanzenwelt, Ullstein Verlag, 1973

Beug, H.J.: Leitfaden der Pollenbestimmung. Gustav Fischer Verlag, Stuttgart, 1961

Bitter, G.: Revision der Gattung Polylepis. Sonderabdruck aus Englers Bot. Jahrb., Bd. 45, Heft 5, 1911

Brockhaus Texte und Tabellen: Länder und Klima Nord- und Südamerika, Brockhaus, Wiesbaden, 1982

Brockmann, C.E. (Hrsg): Perfil Ambiental de Bolivia, Agencia de los Estados Unidos para el Desarrollo Internacional, La Paz, 1986

Cardenas, M.: Manual de Plantas Economicas de Bolivia, Editorial Los Amigos del Libro, La Paz, 1989

De Morales, C.: Bolivia, Medio Ambiente y Ecologia Aplicada, Instituto de Ecologia Universidad Mayor de San Andrés, La Paz, 1990

Diercke Weltatlas, Westermann Schulbuchverlag, Braunschweig, 1988

Engler, A., Prantl, K.: Pflanzen Familie, Teil 3, Abteilung: Syllabus der Pflanzenfamilie, Band II, Gebrüder Borntraeger, Berlin, 1894

Esau, K.: Pflanzenanatomie, Gustav Fischer Verlag, Stuttgart, 1969

Genaust, H.: Etymologisches Wörterbuch der botanischen Pflanzennamen, Birkhäuser Verlag, 1976

Grandjot, W.: Reiseführer durch das Pflanzenreich der Tropen, Kurt Schröder Verlag, 1976

Herzog, T.: Die Pflanzenwelt der bolivianischen Anden und ihres östlichen Vorlandes, Die Vegetation der Erde, Bd. 15: 1 - 258

Herzog, T.: Vom Urwald zu den Gletschern der Kordillere, Strecker und Schröder Verlag, Stuttgart, 1923

Hilgemann, W., Kettermann, G., Hergt, M.: dtv-Perthes-Weltatlas, Bd. 3 Südamerika, München, 1981

Huek, K., Seibert P.: Vegetationskarte von Südamerika, Fischer-Verlag, Stuttgart 1981

Huek, K.: Die Wälder Südamerikas, Gustav Fischer Verlag, Stuttgart, 1966

Humboldt, A.: Südamerikanische Reise, Safari Verlag, Berlin, 1979

Junk, W.: Eine schwimmende Feldstation auf dem Amazonas, in: Naturwissenschaftliche Rundschau, 10 (1988), S 397

Knaurs Pflanzenreich in Farben, Bd. 2 - Höhere Pflanzen I - II, Drömer-Verlag, 1965

Kormann, K.: Giftpflanzen-Pflanzengifte, Limburger Vereinsdruckerei, München, 1984

Linder, H.: Biologie, J. B. Metzlersche Verlagsbuchhandlung, Stuttgart, 1983

Litschauer, R.: Vocabularium Polyglottum Vitae Silvarum, Paul Parey Verlag, Hamburg, Berlin, 1955

Lötschert, W., Beese, G.,: Pflanzen der Tropen. BLV Verlagsgesellschaft, München, 1984

Morley, B. D.: Wildpflanzen der Welt, Herbig Verlag, München, Berlin, 1971

Myers, N. (Hrsg.): Gaia - Der Öko-Atlas unserer Erde, Fischer-Verlag, Frankfurt, 1985

Querner, J.: Taschenlexikon der Biologie, Gustav Fischer Verlag, Heidelberg, 1971

Rauh, W.: Bromelien für Zimmer und Gewächshaus, Bd I und II, Ulmer Verlag, Stuttgart, 1970

Rauh, W.: Kakteen an ihren Standorten, Paul Parey Verlag, Berlin, Hamburg, 1979

Rauh, W.: Tropische Hochgebirgspflanzen, Sitzungsberichte der Heidelberger Akademie der Wissenschaften Mathematisch-naturwissenschaftliche Klasse, Jahrgang 1987/88, 3. Abhandlung, Springer-Verlag, Berlin, 1988

Reichart, T.: Die Ananas - ein neues Weltwirtschaftsgut, in Naturwissenschaftliche Rundschau, 7 (1988), S. 265

Schmithusen, J. : Allgemeine Vegetationsgeographie, Walter de Gruyter & Co, Berlin,1968

Stolz, R.: Möglichkeiten zur Nutzung der Tropenwaldressourcen in Nord- und Ostbolivien unter Einbeziehung ökologischer Aspekte, Forschungsauftrag des Bundesministeriums für wirtschaftliche Zusammenarbeit, Bonn, 1986

Strasburger, E. et al.: Lehrbuch der Botanik für Hochschulen, 31. Aufl., Stuttgart, 1980

Urania Pflanzenreich, Höhere Pflanzen 1 und 2, Verlag Harri Deutsch, Thun und Frankfurt, 2. Aufl., 1976

Vogellehner, D.: Botanische Terminologie und Nomenklatur, Gustav Fischer Verlag, Stuttgart, 1972

Walter, H.: Die Vegetation der Erde, Bd. 1 Die tropischen und subtropischen Zonen, Gustav Fischer Verlag, Stuttgart, 1973

Walter, H.: Ökologie der Erde, Bd. 2, Spezielle Ökologie der tropischen und subtropischen Zonen. UTB, Gustav Fischer Verlag, 1984

Walter, H.: Vegetationszonen und Klima, Verlag Eugen Ulmer, Stuttgart, 1973

Weberbauer, A.: Die Pflanzenwelt der peruanischen Anden, Wilhelm Engelmann Verlag, Leipzig, 1911

STICHWORTVERZEICHNIS

Goldstadt-Reiseführer

(0193)

EUROPA

Deutschland
Bayerischer Wald (309)
Bodensee und Umgebung (303)
Brandenburg und
die Umgebung Berlins (323)
Fichtelgebirge (318)
Fränkische Schweiz (319)
Mecklenburg-Vorpommern (321)
Nördlicher Schwarzwald,
Pforzheim, Stromberg, Gäue (300)
Oberpfalz (310)
Sachsen,Thüringen,
Sachsen-Anhalt (320)
Schwäbische Alb, Ob.Donautal (304)
Schwarzwald Süd (301)

Dänemark (16)
Bornholm (86)
Jütland (84)

Estland (91)

Finnland
Lappland (29)

Frankreich
Bretagne (77)
Burgund (72)
Cote d'Azur (70)
Cote Languedoc - Roussillon (71)
Franz. Atlantikküste (76)
Korsika (15)
Das Tal der Loire (78)
Normandie (79)
Provence u. Camargue (32)
Vogesen, Straßburg, Colmar (23)

Griechenland (218)
Kreta (55)
Korfu (54)
Rhodos (22)

Großbritannien
Bermuda (702)
Bermuda englisch (705)
Mittelengland - East Anglia (82)
Nordengland (83)
Schottland (59)
Südengland (58)

Irland (42)

Island (43)

Italien
Apulien u. Kalabrien (31)
Elba (44)
Florenz (66)
Friaul - Julisch Venetien (28)
Gardasee und Iseosee (12)
Italienische Adria (14)
Mailand u. Umgebung (88)
Meran mit Ausflügen (9)
Golf von Neapel (25)
Rom (26)
Südtirol (10)
Toskana (41)

Malta Gozo, Comino (46)

Niederlande (216)

Norwegen (39)

Österreich
Burgenland (62)
Kärnten (60)
Salzburger Land (61)
Steiermark (63)
Wien (64)

Portugal (211)
Algarve (11)
Azoren (201)
Lissabon (81)
Madeira (45)

Schweden (33)

Schweiz
Berner Oberland (50)
Tessin (51)
Zentralschweiz (49)

Spanien
Costa Blanca (20)
Gran Canaria (36)
Katalonien (98)
Mallorca (3)
Nordwestspanien (18)
Teneriffa (35)
La Palma, Gomera, Hierro

Tschechoslowakei (13)

Ungarn (37)

Zypern, Republik (17)

AFRIKA
Algerien mit Sahara (212)
Kenia (706)
mit Tierbestimmungsteil
Mauritius (234)
Namibia (265)
Nigeria (204)
Seychellen (229)
Südafrika (215)
Tunesien (21)

AMERIKA
Argentinien (240)
Brasilien (245)
Chile (241)
mit Feuerland u. Osterinsel
Ecuador mit Galapagos (243)
Kleine Antillen (249)
Kolumbien (242)
Kuba (246)
Peru (220)
USA - Gesamt (207)
USA - Der Nordwesten (257)
USA - Der Südwesten (255)
New York (38)
Venezuela (244)

ASIEN
INDISCHER OZEAN
PAZIFISCHER OZEAN
Birma (235)
Hawaii (233)
Hong Kong (222)
Israel (251)
Jerusalem und die
Heiligen Stätten (704)
Malaysia, Borneo (226)
Malediven (228)
Nordindien und Nepal (209)
Singapur (238)
Südindien (208)
Thailand (206)
Türkei (217)
Vietnam (225)

AUSTRALIEN (231)
Neuseeland (232)

Pflanzenführer

Tropisches Lateinamerika (270)

Sprachführer

Die einfache Hörsprache –
lesen und sofort richtig sprechen

401 Französisch
402 Englisch
403 Spanisch
404 Griechisch
405 Serbokroatisch
406 Portugiesisch
407 Italienisch
408 Türkisch
409 Russisch

Wanderführer

Spaziergänge u. Wanderungen,
alpine Bergtouren. Fahrpläne und kleiner
Sprachführer, Übersichts- und Routenskizzen,
Fotos s/w und Farbe.

Algarve (460)
Azoren ((461)
Elba (453)
Gomera (452)
Ischia (454)
Korsika (455)
Madeira (457)
Mallorca (458)
Rhodos (459)
Samos (456)
Teneriffa (451)